IN BLAUEN TIEFEN

IN BLAUEN TIEFEN

Die Welt unter Wasser
erlebt und fotografiert
von Peter Kuhn

Praesentverlag Heinz Peter

Produktion: Praesentverlag Heinz Peter
Redaktion: Dorothea Radtke
Gestaltung: Günter Radtke

Gesamtherstellung: Druckhaus Waldheim-Eberle,
Kurier-Zeitungsverlag und Druckerei AG, Wien
Printed in Austria
ISBN 3-87644-095-5

Vorwort

Der größte Teil unserer Erde ist von Wasser bedeckt. Das Meer mit seinen unendlichen Weiten ist eine eigene Welt in unserer Welt. Sie ist fremd und ganz und gar anders als die der Erdoberfläche, die unserer Lebensnotwendigkeit entspricht. Immer war es ein Traum der Menschen, zu wissen, was unter der Wasserfläche ist, zu sehen, was sich viele Jahrmillionen lang den Blicken entzog.
Heute kann diesen Traum jeder verwirklichen, der schwimmen kann. Wer zum ersten Mal unter Wasser die Augen öffnet und sieht, wie ein Wunder sich offenbart, dem werden die Augen geöffnet sein für die Fülle des Lebens, das sich in diesen blauen Tiefen mit seiner Vielfalt und Farbenpracht ausbreitet wie sonst nirgends auf der Erde.
Ich verdanke den ersten Blick in diese faszinierende Welt dem Zufall. Es war während der Sommerferien des Jahres 1959, als ein Freund in Griechenland mir seine Tauchmaske geliehen hatte. Zuerst sah ich nur drei kleine Felsbrocken auf sandigem Meeresgrund, doch dann zeigte sich überall Leben, und die Lust, Neues zu entdecken, ließ mich nicht mehr los. Immer wieder ging es ans Meer, und ein Leben ohne Schnorchel, Maske und Flossen konnte ich mir nicht mehr vorstellen.
Es entstand der Wunsch, all die Schönheit im Bild festzuhalten. Zuerst hatte ich nur eine einfache Kleinbildkamera mit selbstgebasteltem Gehäuse, und ich war glücklich, wenn auf den Fotos etwas zu erkennen war, doch meine Ansprüche an die Fotos wuchsen ständig. Nachdem ich im Jahre 1964 die erste Tauchreise zusammen mit meiner Frau gemacht hatte, die ebenso begeistert davon war wie ich, entwickelte sich das Fotografieren zu einer wahren Leidenschaft. Wir schafften alles notwendige Zubehör an, um auch tiefer tauchen zu können, denn wir wollten die Schönheiten der Korallenriffe erleben.
Ich unterbrach meine berufliche Laufbahn, und wir fuhren ans Rote Meer. Schon beim ersten Tauchgang verschlug es uns den Atem. Hier, wo uns eine Märchenwelt bizarrer Formen und die unbeschreibliche Schönheit farbiger Korallen und bunter Fische gefangen hielt, machte ich es mir zur Aufgabe, möglichst vielen Menschen die Welt unter Wasser näherzubringen. Dabei entdeckte ich, wie wichtig die Wahl des Bildausschnitts und der Zeitpunkt des Auslösens der Kamera sind und wartete manchmal sehr lange, bis sich ein bestimmter Fisch mit einer bestimmten Koralle zu einer Komposition gestalteten.
Inzwischen haben meine Frau und ich in nahezu allen Meeren der Welt getaucht. Unser Wunsch ist es, die Schönheiten dieses Lebensraumes möglichst vielen Menschen zu vermitteln, um aufzuzeigen, wie wichtig es für alle Lebewesen ist, daß dieser Raum unversehrt erhalten bleibt.
Widmen möchte ich mein Buch allen Menschen, die sich den Sinn für die vielfältige Schönheit der natürlichen Formen und Farben unserer Welt bewahrt haben und die Natur selbst als einen Quell der Lebensfreude ansehen.

Peter Kuhn

Wunderwelt unter Wasser

Ungewöhnliches umgibt den Taucher,
wenn er unter die Wasseroberfläche schwimmt,
um das bunte Leben
der Korallenriffe zu beobachten.
In diesem größten Lebensraum der Erde
wird er bezaubert von Wesen, deren Schönheit
aus dem Märchen zu stammen scheint.
Staunend bewegt er sich
wie schwerelos schwebend
durch Korallen, die sich in der Strömung wiegen
wie Blumen im Wind.
Paradiesvögeln gleich in ihrer Farbigkeit
tummeln sich die ungewöhnlichsten Fische
in dieser unirdischen Wunderwelt,
deren einmaliger Faszination
sich kein Mensch entziehen kann.

Unzählige Fische leben zwischen diesen formvollendeten Korallen im Riff.

Bauwerke nicht von Menschenhand

Mit dem Wort Korallenriff verbinden die meisten Menschen die Vorstellung von blauem Wasser, hellen Stränden und einer Insel im Meer. Oder sie denken an das große Barriere-Riff an der Küste Australiens mit einer Länge von 2000 Kilometern. Dieses Bauwerk ist so gigantisch, daß es alle Gebäude, die von Menschen geschaffen wurden, bei weitem in den Schatten stellt. Und dabei ist es nicht von Menschenhand gebaut, sondern von kleinen Tieren, den Korallenpolypen. Sie brauchten dazu zwar eine sehr lange Zeit, denn in tausend Jahren schaffen sie nur einen Meter an Höhe, aber heute umfaßt die Fläche, die sie aufgebaut haben, 200.000 Quadratkilometer. Welche Leistung von so kleinen Tieren! Die Polypen leben in Symbiose mit Algen, die Sonnenlicht brauchen, um organische Verbindungen zu schaffen (Photosynthese). Außerdem muß das Wasser bestimmte Voraussetzungen erfüllen, damit Korallenpolypen gedeihen können. Die Temperatur muß immer mindestens 20 Grad betragen, und es dürfen nicht zu viele Schwebeteilchen darin enthalten sein, da die Polypen sonst ersticken. Alle diese Voraussetzungen finden wir in den tropischen Gewässern, deshalb gibt es auch nur dort Korallenriffe. Durch den Bedarf an Sonnenlicht erklärt sich auch, daß riffbildende Korallen nur bis zu einer Tiefe von etwa 50 Metern vorkommen. Es gibt ganz unterschiedliche Formen von Riffbildung, je nachdem, wo sich Polypen ansiedeln. Wachsen sie parallel zur Küste, entstehen die sogenannten Saumriffe. Am bekanntesten ist wohl das Atoll, die ringförmige Koralleninsel.

Die Entstehung eines solchen zu erforschen haben sich zahlreiche Wissenschaftler bemüht und dabei viele Theorien entwickelt, von denen aber nur ganz wenige akzeptabel erscheinen. Am gültigsten ist auch heute noch die Senkungstheorie von Charles Darwin. Danach bildet sich um eine Vulkaninsel herum ein Saumriff. Während der Berg nun im Laufe der Zeit durch geologische Prozesse im Meer versinkt, wachsen die Korallen immer höher, um das auszugleichen, bis schließlich ein ringförmiges Atoll an der Wasseroberfläche zurückbleibt, an dessen Umrissen man den Vulkan erkennen kann.

Anders die Theorie von Hans Hass. Er glaubt, ein Korallenblock wächst zunächst kegelförmig nach oben und dehnt sich danach auch zunehmend in die Breite, bis ein kreisförmiges Riffplateau entstanden ist. Schließlich stirbt es in der Mitte ab, sinkt ein, und das lebende Riff bleibt ringförmig zurück, das Atoll. Aber wie immer es auch entstanden sein mag, ein Korallenriff ist der am dichtesten besiedelte Lebensraum mit der größten Fülle verschiedenster Lebewesen, den es auf der Erde gibt.

Die Zeichnungen zeigen die Atoll-Entstehung nach Darwins Theorie. Ein von einem Riff umsäumter Vulkan versinkt langsam im Meer. Die Korallen gleichen das durch Wachstum immer wieder aus und bleiben ringförmig an der Oberfläche zurück. Hans Hass glaubt an ein Wachstum, das zunächst kegelförmig, später auch in die Breite verläuft (Foto rechts).

Ein Garten Eden im Meer

Der Weg von einer Koralleninsel ins offene Meer führt über ein vorgelagertes Riff. Oft liegt auch eine weite Lagune dazwischen. Zunächst schwimmen wir durch flaches Wasser dicht über dem Boden, der aus Korallensand besteht. Er erscheint unbelebt wie eine Wüste im Meer, doch bei genauerem Hinschauen offenbaren Kriechspuren von Schnecken, kleine Sandkegel und Löcher von Würmern sowie Seesterne, daß auch hier schon reges Leben herrscht. Aber auch Rochen, Plattfische und Grundeln, die den Sand zur Tarnung benutzen, haben hier ihren Lebensraum. Allmählich wird die Lagune tiefer. Verstreut liegende Korallenstöcke bilden Oasen blühenden Lebens in dieser Scheinwüste aus Sand. Jeder Block ist eine Welt für sich und beherbergt Seeigel, Röhrenwürmer, Schlangensterne, Krebse und viele Arten bunter Korallenfische.

Die zunehmende Dichte weist auf das nahe Riff hin. Allmählich wird die Lagune wieder flacher. Ältere, abgestorbene Korallenstücke verraten, daß wir die Riffplatte erreicht haben. Diese Zone wird auch Riffdach genannt und liegt bei Ebbe frei. Mit steigender Flut ist es der starken Brandung voll ausgesetzt. Die Kraft der Wellen mahlt die abgeschlagenen Korallen zu Sand. Kalkalgen verfestigen diesen abgestorbenen Teil des Riffdaches. Aber auch hier schaffen Gezeitentümpel und ausgespülte Korallenbrocken Lebensraum. Es wimmelt von Jungfischen, Seeigeln und Muränen. Unter dem Gestein verkriechen sich Krabben, Seesterne und Schnecken. Schwämme können sich großflächig ausbreiten. Zum Meer hin wird das Riffplateau tiefer. Mehr und mehr knollig wachsende Steinkorallen zeigen an, daß wir das lebende Riff erreicht haben. Es entfaltet seine üppigste Pracht am Rande, also da, wo es in den Hang übergeht, der steil zum Meeresgrund abfällt. Wir sind am Ziel und tauchen hinunter. Unterschiedlichste Korallen wachsen hier dicht an dicht und vermitteln das Bild eines unendlichen, prächtigen Gartens, eines Gartens Eden unter Wasser. Tausende von bunten Fischen erfüllen ihn mit Leben. Verwirrende Gänge und Nischen dienen einer Unzahl von Tieren als sichere Behausung. Eine Languste hat sich weit aus ihrer Höhle herausgewagt. Zum Greifen nah, bietet sie ein schönes Fotomotiv.

Jedes Tier in diesem riesigen Lebensraum Meer beansprucht sein eigenes Gebiet. Doch auch in jedem einzelnen Korallenstock sind die Lebensräume streng gegliedert. Auch die kleinste Nische wird bewohnt. Unsichtbare Grenzen markieren den Anspruch eines jeden Tieres auf sein eigenes Revier. Nur der Respekt vor diesen Grenzen gewährleistet ein harmonisches Nebeneinander der verschiedenen Arten. Wir tauchen weiter hinab, am Riffhang entlang. Hier scheint das Leben ruhiger zu sein. Ausgewaschene Höhlungen sind mit Schwämmen überwuchert. Gorgonien, Weichkorallen und Zackenaustern dominieren in dieser Zone. Rote Soldatenfische starren uns aus ihren großen Augen an. Ein Ammenhai liegt auf dem Höhlenboden und verbringt den Tag schlafend. So ist jeder Abschnitt des Riffs, von der Lagune über Plateau und Hang bis hierher, in bestimmte Lebensräume für die verschiedensten Arten von Meerestieren gegliedert. Es herrscht vorbildliche Ordnung, die jeder Art die Möglichkeit bietet, zu überleben.

Besonders farbenprächtig und üppig in der Rifflandschaft ist die Kante, die den Übergang vom Plateau zum steil abfallenden Hang bildet. Hier schwimmt der Taucher wie durch einen bunten Garten im Meer. Die eng aneinander stehenden Korallenäste mit ihren vielen Verzweigungen bilden ein wahres Labyrinth von Höhlen, das den verschiedensten Tieren als sichere Behausung dient. Jedes Gebiet und sogar jeder Abschnitt einer Koralle ist bewohnt. Die untere Etage beherbergt eine Languste, die obere ist von Soldatenfischen belegt.

Farben unter Wasser

Wer das erste Mal in einem Korallenriff taucht, der ist überwältigt von der Vielfalt der Farben bei Fischen und Korallen. Je tiefer er jedoch hinabgleitet, desto mehr läßt die Farbintensität der Unterwasserlandschaft nach. Was in den oberen Schichten so bunt leuchtet, wird mit abnehmendem Licht immer farbloser, bis es schließlich nur noch wie blauschwarze Silhouetten erscheint.
Erst eine künstliche Lichtquelle macht auch in größeren Tiefen eine ungeahnte Farbenpracht sichtbar.

Wer diese Wunderwelt also möglichst gut im Bild festhalten möchte, der sollte sich zuerst einmal eingehend mit den besonderen Lichtverhältnissen unter Wasser beschäftigen. Das weiße Tageslicht setzt sich aus allen Farben zusammen, wie es der Regenbogen verdeutlicht: Das gesamte Spektrum enthält Violett, Blau, Grün, Gelb, Orange und Gelblichrot. Das Wasser hat nun aber die Eigenschaft, die einzelnen Farbanteile des Lichtes unterschiedlich stark zu absorbieren. Warme Farben werden am schnellsten verschluckt, deshalb können Rot ab 2 Metern, Orange ab 5 Metern und Gelb ab 10 Metern nicht mehr wahrgenommen werden.
Die Grün- und Blauanteile des Lichtes dagegen durchdringen das Wasser am tiefsten. Man kann also davon ausgehen, daß alles, was unter Wasser gelb, grün oder blau aussieht, am besten und weitesten auszumachen ist. Interessant ist, daß diese Farbtöne auch von den Tieren im Korallenriff in der Tat bevorzugt werden, wenn sie gewissermaßen als Signal eingesetzt werden. Soll die Farbe jedoch der Tarnung dienen, so werden warme Töne, also vorwiegend Rot, bevorzugt, das im tiefen Wasser dunkelbraun bis schwarz erscheint. Die Korallentiere passen sich so auch den lichtabsorbierenden Eigenschaften des Meeres an. Die Gewebe mancher Arten können fluoreszieren, also auftreffende Lichtstrahlen wieder zurückwerfen. Dadurch leuchten sie, mit ultraviolettem Licht bestrahlt, in den herrlichsten Farben.

Wasser filtert das Licht so stark, daß warme Farben wie Rot und Orange schon in Tiefen von nur 5 Metern nicht mehr zu sehen sind. Gelbe Töne kann man bis zu 10 Metern weit wahrnehmen, während die kälteren Farben, wie Grün, Blau und Violett, das Wasser am weitesten durchdringen. Mit zunehmender Tiefe erscheint die Unterwasserwelt nur noch blau. Erst das Aufflammen eines Blitzlichts oder der Lichtkegel einer Unterwasserlampe offenbaren den ganzen Zauber der vielen Farben der Rifflandschaft.

Künstliche Riffe

Korallen brauchen außer Licht und warmem Wasser vor allem einen festen Untergrund, auf dem sie sich ansiedeln können. Einen solchen bieten auch Schrott wie Schiffswracks, und es dauert nur wenige Jahre, bis kaum noch die Umrisse zu erkennen sind. Korallen, Schwämme, Algen und Krustentiere haben sich eingenistet, und so ist aus dem Schrott die Grundlage für einen neuen Lebensraum entstanden, in dem sich auch Korallenfische sehr wohlfühlen. Überall in Ecken und Winkeln finden sie gute Unterschlupfmöglichkeiten.

Wände, Gestänge und sämtliche Eisenteile werden in kurzer Zeit von Korallen völlig verkleidet wie mit einer lebenden Tapete.
Wir haben erfahren, daß eine vor neun Jahren versunkene Fähre in 30 Metern Tiefe auf sandigem Meeresboden liegt. Es ist ein reizvolles Ziel für uns, und so tauchen wir hinab. Langsam können wir im leicht getrübten Wasser die Umrisse des Wracks unterscheiden. Das Heck mitsamt den Aufbauten ist gut erhalten. Merkwürdig geformte Schrottstücke übersäen das Deck. Es gibt keinen Zentimeter Metallfläche, der nicht schon von lebenden Organismen überwuchert wäre. Der starke Bewuchs bietet eine ideale Ernährungsgrundlage für viele Korallenfische. Vor den leeren Fensterhöhlen des ehemaligen Führerhauses schwimmt ein Kaiserfisch-Pärchen sein Revier ab. Auch ein bewegungslos lauernder Barsch hat sich hierher zurückgezogen. Als ich näher heranschwimme, verschwindet er gemächlich in einer Ladeluke. Der Schein der Lampe geistert über aufleuchtende Gorgonien, Schwämme und Lederkorallen. Inmitten dieser Farbenpracht blitzen und blinken kleine Fischleiber. Die Fensteröffnung ist umrahmt von gelben Rindenkorallen. Meine Frau schaut neugierig hinein. Das Motiv reizt mich, und schon ist dieser Ausschnitt im Bild festgehalten. Vorsichtig taste ich mich durch das Halbdunkel, durch das eine Bullauge schwimme ich wieder hinaus. Unerwartet umringt mich plötzlich ein Schwarm Barrakudas. Diese Wand aus Fischen umkreist mich mehrmals, ehe sie wieder verschwindet. Das Schiffswrack entpuppt sich als künstliches Riff, als eine Welt, die einer Vielzahl von Meeresbewohnern neuen Lebensraum bietet.

Das Wrack eines versunkenen Schiffes übt eine magische Anziehungskraft auf uns Taucher aus. Diffuses Licht in dieser Tiefe gibt dem stählernen Skelett etwas Geisterhaftes (links). Wie durch einen Bilderrahmen aus gelben Rindenkorallen schaut die Taucherin durch die Fensterhöhle ins Innere (rechts).

Im sicheren Lebensraum

Es gibt Taucherlebnisse, die mir im Gedächtnis haften geblieben sind, obwohl sie in keiner Weise spektakulär oder einmalig gewesen wären. Manchmal sind es nur kleine Begebenheiten am Rande, die dennoch einen unvergeßlichen Eindruck hinterlassen. So hatte ich einmal eine derartige Begegnung bei einem meiner ersten Ausflüge in die Welt der Korallenriffe. Um eine einzeln stehende Steinkoralle hatte sich ein aufgelockerter Verband gleichartiger kleiner Fische gruppiert. Ihre leuchtende Färbung gefiel mir so gut, daß ich in meiner Begeisterung den Fotoapparat zückte, um das herrliche Farbenspiel im Bild festzuhalten. Noch heute ist mir das Gefühl großer Überraschung gegenwärtig, das ich empfand, als ich mich dieser Koralle näherte. Alle Fische, die ich fotografieren wollte, zogen sich plötzlich aus dem freien Wasser zurück und schmiegten sich eng und enger an die Koralle an, bis sie schließlich ganz und gar in ihr verschwunden waren. Ich hatte die Bekanntschaft mit einer Fischart gemacht, die häufig am Riff zu finden ist. Es waren Riffbarsche, die sich eine einzige Koralle suchen, die sie dann als Heim und Schutz betrachten. Tief hatten sie sich in die vielen Schlupfwinkel gedrückt und warteten ab, bis der Feind, für den sie mich hielten, wieder verschwand. Nachdem ich mich langsam von der Koralle entfernt hatte, guckten schon die ersten Fische wieder hervor. Zentimeterweise schoben sie sich heraus und schwebten wie vorher als Farbtupfer über ihrem Zufluchtsort.

Größere Korallenstöcke bieten mit ihren vielen Verzweigungen einigen Arten von Riffbarschen bestmöglichen Schutz. Zur Nahrungsaufnahme schwimmen sie im freien Wasser, bleiben aber stets in der Nähe ihrer sicheren Zuflucht (rechts). Bei plötzlich auftretender Gefahr ziehen sie sich blitzschnell in ihre Wohnkoralle zurück und warten ab, bis sie vorüber ist (links).

Fische warnen vor Gefahren

Schon frühmorgens unternehmen wir einen kurzen Ausflug ins Riff. Glasklar umfängt uns das Wasser. Schräg einfallende Sonnenstrahlen bringen die farbenprächtigen Anthias-Barsche zum Leuchten. Sie beleben in Schulen von Hunderten und Tausenden das freie Wasser vor dem Riffhang, entfernen sich jedoch nie weiter als 3 bis 4 Meter von den schützenden Korallen. Wie bunte Wolken schweben sie in dem tiefen Blau. Plötzlich geht ein Ruck durch das Gewimmel, und wie auf Kommando flüchten die kleinen Fische in die Verzweigungen der Korallen. Alarm! Das bedeutet höchste Gefahr für alle.
Tatsächlich entdecken wir einen Weißspitzenhai, der langsam vorüberzieht. Kaum ist er außer Sicht, da schwärmen die zahllosen Fische wieder aus.
Unbeabsichtigt stoße ich mit der Kamera an die Tauchflasche. Das metallene Geräusch jagt die kleinen Barsche erneut in ihre Verstecke zurück. So sind sie ständig in Bewegung. Damit zeigen sie auch mir Gefahren an.
In 30 Metern Tiefe nähern wir uns einer kleinen Gruppe dieser aufmerksamen Beobachter. Sofort verschwinden sie, aber nach kurzer Zeit wagen sie sich wieder heraus. Wir betrachten die Anthias-Barsche, bei denen es sich offensichtlich um 6 Weibchen handelt. Eines davon scheint sich gerade zum Männchen umzuwandeln, denn sein erster Rückenflossenstrahl ist lang ausgezogen. Es ist eine Eigenart dieser Fische, daß sie ihr Leben stets als Weibchen beginnen und erst später eine Veränderung zu Männchen stattfindet. Während wir an der Riffwand entlangschwimmen, huschen sie alle in ihre Verstecke, doch hinter uns tummeln sie sich wieder im freien Wasser.

Anthias-Barsche bewohnen in kleinen und großen Schulverbänden die weitverzweigten Korallenstöcke des Riffhangs. Schon bei geringsten Anzeichen von Gefahr ziehen sie sich in das schützende Korallengeäst zurück. Wachsam verfolgen sie das Geschehen und begegnen auch dem Taucher mit Vorsicht.

Drohverhalten im Riff

Oberflächlich betrachtet erscheint das Leben im Riff friedlich und unkompliziert. Doch bei genauer Beobachtung erkennt man, daß das Miteinander von ständigen Auseinandersetzungen geprägt wird. Davon konnte ich mich bei vielen Tauchgängen selbst überzeugen. Eines Tages werde ich durch eine leichte Strömung gezwungen, mich an einem Korallenblock festzuhalten. Gleich darauf spüre ich ein kräftiges Zwicken an meinem Zeigefinger. Ein Krebs fühlte sich von mir bedroht und streckte mir kampfbereit seine weit geöffneten Scheren entgegen. Ich schwimme weiter und sehe einen schönen Fisch, den Korallenwächter, den ich fotografieren möchte. Bis auf 50 Zentimeter läßt er mich herankommen, ohne sich zu rühren. Doch dann reißt er sein Maul weit auf und spreizt die Rükkenflosse, um mir zu zeigen, daß ich mich in seinem Revier befinde. Da ich aber nicht reagiere und damit den Stärkeren markiere, zieht er sich in das Korallengeäst zurück.
Etwas weiter lockt mich ein Juwelenbarsch, der ruhig in seinem Höhleneingang steht und sich von Putzergarnelen reinigen läßt. Offensichtlich sieht er in mir einen Rivalen. Sein Drohverhalten besteht darin, daß er plötzlich die Farbe wechselt. Mit einer Wallung weicht sie aus seinem Schuppenkleid. So zeigt er an, daß ich hier nicht erwünscht bin. Leicht provozieren läßt sich der karibische Soldatenfisch. Wenn man ihm zu nahe kommt, spreizt er beunruhigt seine mit Stacheln bestückten Flossen wie eine Abwehrwaffe und gibt außerdem noch grunzende Laute von sich. Leider werden durch dieses Geräusch manchmal auch Haie oder Barrakudas angelockt, die sich eine leichte Beute erhoffen. Alle diese aggressiv erscheinenden Gesten sind jedoch nichts weiter als Drohverhalten, das einzig und allein dem Zweck dient, das Revier und den eigenen Lebensraum zu erhalten. Im allgemeinen wird das auch von Rivalen verstanden, so daß es nur selten zu einem echten Kampf kommt. Innerhalb einer Gruppe kann das Drohverhalten jedoch eine ganz andere Bedeutung haben. Hier gilt es der Festsetzung oder Aufrechterhaltung einer ganz bestimmten Rangordnung. Interessant ist die Reaktion der rangniedrigen Tiere zur Erhaltung der Gruppe. Bei Anemonenfischen beispielsweise nimmt das Weibchen den höchsten Rang ein. Von Zeit zu Zeit attackiert es das Männchen, das sich schützt, indem es sich auf den Kopf stellt und heftig zittert. Dieses Signal wirkt beruhigend auf das Weibchen und neutralisiert seine Aggressionen bis zur nächsten Attacke. So wird also durch Drohverhalten und die richtige Reaktion darauf das Miteinander im Riffleben friedlich geregelt, und jede Art kann ihren Lebensraum erhalten.

Der karibische Husarenfisch richtet seine kräftigen Flossenstrahlen auf und gibt grunzende Töne von sich (oben).
Der wunderbar bunte Juwelenbarsch droht auf eine völlig andere Weise. Er läßt die kräftigen Farben zusehends blasser werden und bekommt dadurch ein ganz anderes Aussehen (rechts).

So unterschiedlich das Drohverhalten der Fische auch ist, dient es doch immer dem Zweck, das eigene Revier von Rivalen freizuhalten. Der Korallenwächter reißt das Maul auf und zeigt seine Rückenflosse (links).

Ein Korallenfisch ohne Schwimmblase

Wieder einmal geht ein Unterwasserausflug seinem Ende entgegen. Zwei Bilder habe ich nur noch auf meinem Film. Deshalb halte ich nicht besonders kritisch Ausschau nach geeigneten Motiven. Meine Augen wandern den Riffhang entlang und entdecken ein hübsches Bild: Ein etwa 10 Zentimeter langer Fisch steht unbeweglich auf einem Korallenast, der weit in die Strömung ragt. Es ist ein Korallenwächter, auf den ich es schon lange abgesehen habe. Jahrelang habe ich versucht, eine Nahaufnahme von ihm zu schießen, aber es ist mir nie gelungen. Ich will aber nicht aufgeben und hoffe, vielleicht diesmal zum Erfolg zu kommen.

Auf seine kräftigen Brustflossen gestützt, lauert er auf vorbeitreibende Beute. Seine hochstehenden, leicht vorgewölbten Augen bewegen sich unablässig hin und her, auf der Suche nach Nahrung, wie Kleinkrebsen, Fischlarven oder Jungfischen. Hat er ein Opfer erspäht, schießt er mit einer kraftvoll schnellen Schwimmbewegung darauf zu und verschlingt es sofort. Danach kehrt er hastig zu seinem Standort zurück und verharrt dort erneut, ohne sich zu bewegen.

Da Korallenwächter zu den Bodenbewohnern gehören, hat sich bei ihnen die Schwimmblase, das Schwebeorgan der Fische, so weit zurückgebildet, daß sie keine weiten Strecken mehr zurücklegen, sondern nur noch kurze Vorstöße unternehmen können.

Unbedingt möchte ich heute zum Ziel kommen und eine Nahaufnahme von diesem Fisch machen. Er steht ganz ruhig, und so wage ich mich langsam und vorsichtig immer näher heran. Doch dieser wachsame Bursche hat mich längst bemerkt. Aufgeregt weicht er ein wenig zur Seite aus und spreizt kurz seine Rückenflossen weit auseinander. Deutlich heben sich büschelförmige Fortsätze vom Blau des Wassers ab, die ihm auch den Namen Büschelbarsch gaben. Würde ich ihn diesmal endlich überlisten können? Das klobige Kameragehäuse voran, schiebe ich mich behutsam näher. Schon habe ich ihn groß im Sucher, ein Druck auf den Auslöser, der Blitz flammt auf – aber es war schon zu spät! Der Büschelbarsch hat sich mit einem Schwimmstoß einen neuen Platz gesucht. Da auch ein zweiter Versuch mißlingt, muß ich mich damit begnügen, ihn mitsamt der Koralle im Bild festzuhalten.

Korallenfische, die stundenlang bewegungslos auf Beute warten, haben sich ihren Lebensbedingungen angepaßt. Arten, die ihre Nahrung zwischen den Verzweigungen der Korallen aufnehmen, haben ein langes, spitz zulaufendes Maul (links). Bei anderen, die ihre Beute im freien Wasser schnappen, ist das Maul abgerundet und kurz (rechts).

So entsteht Korallensand

Ein schabendes, kratzendes Geräusch unter Wasser läßt mich aufhorchen. Verwundert halte ich Ausschau nach der Ursache und stoße auf einen 40 cm großen, zartgrünen Fisch, der mit seinem auffallend kleinen Maul die Oberfläche eines mächtigen Korallenblocks bearbeitet. Seine fleischigen Lippen ziehen sich etwas zurück und legen zwei kräftige, zu Leisten verschmolzene Zahnreihen frei. Ihre frappante Ähnlichkeit mit einem Papageienschnabel brachte ihm den Namen Papageifisch ein. Mit diesem scharfen Gebiß nagt er Stück für Stück der Korallenoberfläche ab. Auffällig weiß leuchtende Kerbspuren zeugen von seinem unermüdlichen Fleiß. Mittlerweile hat er sich eine Hirschkoralle vorgenommen, deren Äste er wie eine Mohrrübe abknabbert. Die abgenagten, mit organischen Substanzen angereicherten Kalkbruchstücke wandern zu Mahlplatten in seinem Schlund, die diese Rohnahrung wie Mühlsteine zermalmen. Im Magen-Darm-Trakt werden eßbare Bestandteile verdaut und die nicht eßbaren ausgeschieden. Als Wolken von Korallensand rieseln sie auf den Boden. Da die verwertbare Nahrungssubstanz gegenüber der aufgenommenen Kalkmenge sehr gering ist, sind Papageifische nahezu ununterbrochen mit Fressen beschäftigt. Einen Schwarm dieser eifrigen Sandproduzenten zu beobachten, entbehrt nicht einer gewissen Komik, denn Raketenzündungen gleich werden pausenlos kleine Korallensandwolken ausgepufft. Es ist kaum zu glauben, daß diese Fleißarbeit die Papageifische zu den wichtigsten Produzenten von Korallensand tropischer Meere werden läßt. In einigen Gegenden, so wird behauptet, wandern etwa 30 Prozent der von den Polypen erzeugten Kalksubstanz durch den Magen dieser Fische. Da sie tagsüber aktiv sind, müssen sie nachts ruhen, was viele Gefahren in sich birgt. Um diese Phase des Schlafens sicher zu überstehen, dient den Jüngeren dieser Art ein einzigartiges Phänomen als Schutz: Sie schaffen sich selbst einen regelrechten Schlafsack! Über spezielle Drüsen wird eine Schleimhülle ausgeschieden, die den Fisch wie ein Ballon völlig umschließt. Sie wirkt als Geruchsbarriere und schützt so vor nachtaktiven Freßfeinden – vorwiegend Muränen. Diese außergewöhnliche Verhaltensweise ist einmalig für einen Fisch. Er frißt härteste Korallen und schafft sich täglich aufs neue seinen eigenen Schlafsack. Ein Beweis für den Ideenreichtum der Natur, wenn es um die Erhaltung einer Art geht.

Mit ihrem kräftigen, schnabelartigen Gebiß raspeln und beißen Papageifische Korallenfelsen ab (links). Die aufgenommenen Kalkstücke werden so fein zermahlen, daß sie als Staub ausgeschieden werden. Fische werden so Produzenten von Korallensand. Als Jungtiere sind Papageifische weiblich. Einige werden später durch Geschlechtswandel zu Männchen, dann aber mit einem veränderten, farbenfrohen Prachtkleid (rechts).

Signale zum Anlocken und Abschrecken

Im Lebensraum Meer, dem größten auf der Erde, bedeutet Auffälligkeit immer Gefahr. Weithin sichtbare Tiere werden schnell von Feinden entdeckt und fallen ihnen zum Opfer. So haben nur diejenigen Fische ein farbenprächtig gemustertes Schuppenkleid, die in der Lage sind, sich rasch und sicher zu verstecken. Das Korallenriff mit seinen labyrinthartigen Gängen bietet ihnen diese Möglichkeit in hervorragender Weise. Welchen Sinn also haben dann die Leuchtkraft und Auffälligkeit von Farben und Mustern, mit denen sich die Korallenfische überbieten?
Es gibt nicht nur eine Erklärung dafür. Verhaltensforscher fanden heraus, daß Fische sich dadurch verständigen, ja daß Färbung und Zeichnung die Sprache ersetzen. So dient das artspezifische Aussehen dazu, bei der Partnerwahl keinem Irrtum zu erliegen. Gleichzeitig warnt es aber auch Rivalen und signalisiert Kampfbereitschaft und Abschreckung. So kann also ein und dasselbe Schuppenkleid sowohl anlocken als auch abweisen.
Auch als Erkennungsmerkmal im allgemein positiven Sinn können Farben und Muster nützen. So werden Putzerfische mit ihrem typischen Aussehen von allen anderen Fischen im Riff erkannt und angesteuert. Sie unterstreichen allerdings ihre Putzbereitschaft noch mit einem ständigen Auf- und Abwippen des ganzen Körpers. Ein auffälliges Äußeres kann aber auch als reine Warnung verstanden werden. Beispiel hierfür ist der giftige Rotfeuerfisch. Tiere, die einmal mit seinen Stacheln in Berührung gekommen sind, werden ihn an seiner einmaligen Zeichnung wiedererkennen und ihm aus dem Wege gehen. Ähnlich ist es wahrscheinlich auch bei den Clownfischen, die in einer giftigen Seeanemone leben. Hat ein angreifender Fisch einmal mit ihren nesselnden Tentakeln Bekanntschaft gemacht, wird er in Zukunft durch die weithin sichtbare Buntheit der Fische gewarnt. Aber diese Ausdrucksmöglichkeiten von Farben und Mustern werden auch zur Täuschung benutzt. Bei vielen Korallenfischen leuchtet auf dem hinteren Drittel des Körpers ein auffällig kreisrunder Fleck – ein Scheinauge.
Das echte Auge wird durch einen dunklen Streifen getarnt, der sich wie eine Binde rund um den ganzen Kopf zieht. Da für viele Raubfische der Augenkontakt wichtig ist, werden sie von diesem Fleck angezogen. Damit lenkt der Beutefisch den Angreifer von der empfindsamen Kopfpartie ab und kann unbeschadet entfliehen. Solche Augenflecken haben aber auch für die eigene Art Bedeutung. Rivalen stellen sich mit der Breitseite Kopf an Schwanz, so daß jeder den Augenfleck des anderen gut beobachten kann. Aggressivität und Kampfbereitschaft spiegeln sich in den Flekken wider. Damit können sie sich stark verändern. Fühlt sich ein Fisch unterlegen, so signalisiert er es durch farbliche Veränderung, welche die Bereitschaft ausdrückt, den Kampf aufzugeben. Man kann also sagen, daß bei vielen bunten Korallenfischen Farben und Muster eine lebhafte, deutliche Sprache sprechen.

Das Aussehen der Fische, ihre Fülle von Farben und Mustern, hat viele verschiedene Funktionen. Dieser Kardinalfisch besitzt eine auffällige Streifenzeichnung, die seinen Artgenossen als Erkennungsmerkmal dient. Gleichzeitig ist sie für ihn selbst eine gute Tarnung im Riff. Der scharf umrissene runde Fleck am Flossenende wirkt bei dieser Art wie ein Signal und löst bei den Fischen den Reflex aus, sich zum Schwarm zusammenzuschließen.

Ungewöhnliches Intermezzo

Kraken sind überaus gelehrige Tiere. Ihre elsternhaft diebischen Eigenschaften wollen wir uns für ein kleines Spiel zunutze machen. Silbrig glänzende Metallstückchen in der Hand, halten wir nach so einem Burschen Ausschau. Höhlen, Felsspalten, Amphoren oder Blechdosen dienen ihm als Unterschlupf. In dem Bestreben, seine Behausung zu tarnen, häuft er vor dem Eingang halbkreisförmig Schutzwälle auf. Ein solcher Berg aus Muschelschalen, Krebsresten und Steinen ist schnell gefunden. Der Krake hat sich durch seine eigene Schutzstrategie verraten! Mit hoch aufgerecktem Kopf äugt er über den Wall hinweg, einen seiner Arme schützend über sich gelegt. Demonstrativ lassen wir eines der glänzenden Metallstücke auf den Grund fallen. Es funkelt, blitzt und lockt – ein schneller Zugriff, und ein Arm samt Köder verschwindet. Das zweite Metallstück halte ich nun fest zwischen den Fingern. Von Neugier geplagt, rückt der Krake näher. Zwei seiner Arme gleiten vorsichtig zu meiner Hand, betasten sie und heften sich besitzergreifend an das blanke Lockmittel. Erst nach einigem Zögern gebe ich es preis. Weitere Metallstückchen locken ihn schließlich ganz aus seiner Wohnung heraus, und er läßt mit sich spielen. Unversehens sieht meine Frau sich von acht kräftigen Armen umschlungen. Sachte löst sie die Umklammerung und entläßt das Tier ins freie Wasser. Mit einer geschickten Bewegung ordnet er seine acht Arme. Wir können beobachten, wie er seine große Kiemenhöhle über eine Öffnung mit Wasser vollpumpt und es kräftig durch einen Trichter wieder ausstößt. Unter Ausnutzung dieses Rückstoßprinzips schwimmt er wie eine Rakete zielstrebig auf seine Behausung zu. Kurz vor dem Eingang der Höhle bremst er fallschirmähnlich ab, indem er die Arme weit ausbreitet, auf den Boden sinkt und sanft landet. Den Rest der Strecke stelzt er gemächlich auf den Armen in die Wohnung zurück.

Kraken haben erstaunliche geistige Fähigkeiten. Zuerst sind sie scheu, doch hat man ihr Zutrauen gewonnen, kann man sogar mit ihnen spielen. Durch Ansaugen und Ausstoßen von Wasser bewegen sie sich raketengleich vorwärts und kommen jedesmal zwei bis drei Meter voran.

Hochzeit unter Wasser

Eine kaum von der Umgebung abzugrenzende, geleeartige Masse scheint über das Riff zu fließen. Verwundert identifiziere ich das Gebilde als achtarmigen Kraken. Was hat ihn am hellichten Tage aus seinem Versteck getrieben? Des Rätsels Lösung haust nicht weit entfernt in einer Höhle in Form eines zweiten Kraken. Wahrscheinlich handelt es sich um Männchen und Weibchen, die gerade ihr Liebesspiel beendet haben. Zur Fortpflanzungszeit wandelt sich ein Arm des Männchens zum Begattungsorgan um. Hat er sein Herz für ein bestimmtes Weibchen entdeckt, nähert er sich stürmisch. Beider Arme verschlingen sich zu einem Knäuel, während ein wildes Farbenspiel als Zeichen der Erregung über ihre Körper huscht. Nach einiger Zeit beruhigt, schiebt das Männchen seinen Geschlechtsarm in die Körperhöhlung des Weibchens und gibt Samenzellen ab. Daraufhin geht jeder wieder seiner Wege. Das Weibchen sucht sich eine Wohnung und legt dort die befruchteten Eier ab. Mit liebevoller Fürsorge wird das Gelege betreut und gegen Feinde verteidigt. Keine Minute entfernt sich die Krakenmutter, ja sie verzichtet sogar auf Nahrung, bis die Krakenkinder nach ca. 6–8 Wochen ausgeschlüpft sind.

Vorsichtig nähere ich mich dem vermeintlichen Krakenmännchen. Seine Fähigkeit, in Farbe und Form fast völlig in der Umgebung aufzugehen, ist beeindruckend. Immer neue Farbvarianten durchfluten ihn. Tiefdunkle Töne wechseln blitzschnell mit hellstem Weiß. Diese Farbspiele werden durch Zellen in der Haut bewirkt, die Farbstoff enthalten. Durch Vergrößerung oder Verkleinerung der jeweiligen Zellen läßt der Krake eine Tönung dominieren oder verschwinden, wie es die Umgebung erfordert. Hinzu kommt die Fähigkeit, seine Haut je nach Bedarf glätten oder runzeln zu können. Dies versetzt ihn in die Lage, nicht nur den Farbton, sondern auch die Strukturen seiner Umgebung zu imitieren. Solch ein hervorragendes Anpassungsvermögen ist dem Kraken ausschließlich aufgrund seiner hochentwickelten Augen gegeben, die im Bau und in der Leistungsfähigkeit denen des Menschen durchaus gleichzusetzen sind. So verwundert es auch nicht, daß dieses sonderbare Geschöpf mich schon längst entdeckt hat. Seine Augen fixieren mich genauestens, verfolgen all meine Bewegungen. Trotzdem gelingt es mir, mit einer überraschenden Handbewegung einen seiner Arme zu ergreifen. Wild zuckend widersetzt er sich der Gefangennahme. In höchster Not stößt er eine Wolke blauschwarzer Tinte aus, die mir die Sicht versperrt. Schlangengleich windet sich sein Arm aus meiner Umklammerung. Umsonst ist mein Bemühen, ihn wiederzufinden. Tief im Korallengeäst hat dieser Tarnungsspezialist irgendwo eine sichere Zuflucht gefunden. Während er mich von dort beobachtet, halte ich vergeblich nach ihm Ausschau. Sein großer Vorteil war meine Sichtbehinderung.

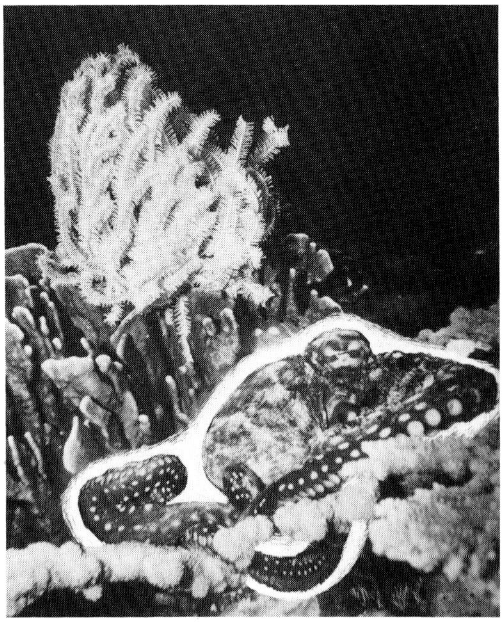

Mit seinen hochentwickelten Augen erkennt der Krake genau Formen und Farben seiner Umgebung. Je nach Gefühlserregung oder Tarnungswunsch kann er sich blitzschnell auf alle Farbvarianten einstellen. Zusätzlich ist er fähig, seine Haut zu glätten oder zu runzeln. Nur ein geübtes Auge wird diesen Tarnungskünstler auf Anhieb im Riff wahrnehmen können (rechts).

Die Anpassung an die Umgebung ist vollkommen. Hier sind die Umrisse des Kraken mit einer weißen Linie kenntlich gemacht (links).

Gut getarnt zum Überleben

Im ewigen Kampf zwischen Räuber und Beute entscheidet häufig die bessere Tarnung über Erfolg oder Mißerfolg des Jägers und über Tod oder Leben des Gejagten. Aus diesem Grunde haben sich auf beiden Seiten Methoden entwickelt, die zum Teil sehr simpel, zum Teil aber auch von durchtriebener Hinterlist sind.
Eine sehr wirkungsvolle Form der Tarnung ist die Schwarmbildung. Die Vielzahl der Fischkörper stellt für den Gegner eine optische Einheit dar. Es ist ihm unmöglich, einen einzelnen Fisch auszumachen und anzugreifen, da sich dessen Strukturen im Schwarm vollkommen auflösen. Oft geht die Tarnung sogar so weit, daß der Verband die Form eines Großfisches vortäuscht.
Eine andere klassische Methode des Nicht-Gesehen-Werdens liegt in der Nachahmung der Umwelt. Diese Art wendet auch der Trompetenfisch an, wenn er auf Beutezug geht. Seine langgestreckte Gestalt erlaubt es ihm, sich so zwischen die Korallenäste zu stellen, daß er selbst wie ein Ast aussieht. Wenn sich nun die Kleinfische ohne Scheu den Korallen nähern, ist es ihm ein Leichtes, sein Opfer zu verschlingen. Besonders erfinderisch ist die Nachahmung harmloser, ja sogar nützlicher Riffbewohner wie der Putzerfische beispielsweise. Es gibt eine Fischart, die sich im Laufe der Evolution völlig deren Aussehen und Verhalten angeeignet hat. Nähert sich nun ein Fisch arglos in der Hoffnung, von seinen Parasiten befreit zu werden, beißt der falsche Putzer ihm Stücke aus Flossen, Augen oder der Körperoberfläche. Dem so Getäuschten bleibt nur die schnelle Flucht.
Eine sehr häufig vorkommende Art der Tarnung beschränkt sich auf die Farbübereinstimmung mit der Umgebung. So sind beispielsweise Freiwasserfische wie Heringe an der Oberseite blau und an der Unterseite hell bis weiß. Von oben gesehen hebt sich der dunkle Rücken kaum gegen das Wasser ab. Sieht ein Räuber jedoch die Fische von unten, so ist die helle Bauchseite im aufleuchtenden Gegenlicht kaum wahrzunehmen. Viele Tiere bedienen sich auch einer Art Maskierung, um nicht aufzufallen. Es gibt Rochenarten, die sich so perfekt mit Sand und Schlick bedecken, daß nur die Augen und Atmungslöcher hervorschauen.
Eine sehr wirksame Art, sich der Umgebung anzupassen, liegt auch in einem starken Farbwechsel. Er wirkt fast wie Zauberei und wird vom kleinen roten Skorpionfisch besonders perfekt beherrscht. Sein Körper ist mit unzähligen warzenartigen Ausstülpungen bedeckt. So kann man ihn kaum von bewachsenem Untergrund unterscheiden. Doch zusätzlich kann er je nach Bedarf seine Farbe verändern. In überwiegend rötlicher Umgebung begegnet man ihm in ebenfalls roter Tönung. Auf dunklem, mit Algen bewachsenem Untergrund nimmt er eine entsprechend braune Färbung an.
Es bedarf schon eines sehr gut geschulten Auges, um die Konturen derart hervorragend getarnter Fische aus ihrer Umgebung herauszulösen.

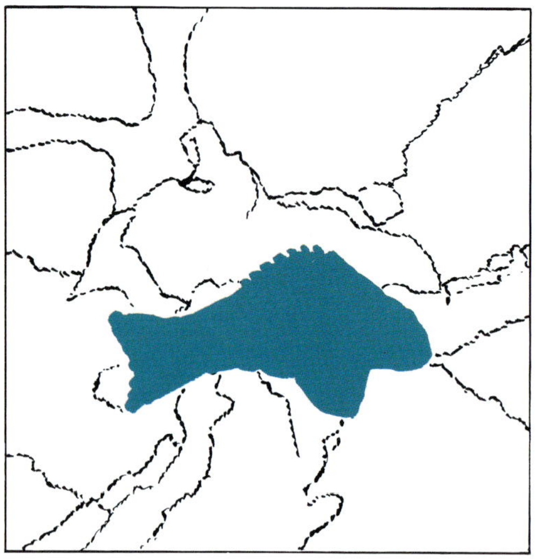

Diesen Skorpionfisch entdeckte ich durch Zufall bei einem nächtlichen Ausflug ins Riff. Er hat sich der Umgebung ganz perfekt angepaßt. Die Zeichnung läßt seine Umrisse erkennen (links).

Entsprechend dem überwiegend roten Geäst der Korallen hat der Skorpionfisch die gleiche Färbung angenommen. Durch seine zottigen Hautauswüchse bildet er optisch mit seiner Umgebung eine Einheit (rechts).

Ein raffinierter Jäger

Im Laufe der Entwicklung haben sich auch bei den Tieren des Meeres unzählige Beziehungen zwischen Räuber und Opfer herausgebildet. Ständig neue Anpassungen in Körperbau und Verhalten führten zu einem Wettlauf zwischen Jägern und Gejagten. So entstanden zum Teil ganz verblüffende Techniken zum Beutefang, wie man sie auch bei den Rotfeuerfischen beobachten kann. Den Tag verbringen sie in Korallen versteckt, wo sie untätig, mit zusammengelegten Flossen, auf die Stunde der Dämmerung warten.
Sobald sich aber der Sonnenuntergang ankündigt und das Wasser dunkler zu werden beginnt, verlassen sie ihre Verstecke, um auf die Jagd zu gehen. Sie breiten ihre überlangen Brust- und Rückenflossen wie Fächer weit auseinander, so daß sie wie gefiederte Tragflächen aussehen, mit denen sie durch das Riff zu schweben scheinen. Ihre ausdrucksvolle Zeichnung und Färbung macht sie lebenden Wunderblumen gleich. Vor Feinden sind Rotfeuerfische sicher geschützt, denn die langen Rückenflossen sind hochgradig giftig. Ihr auffälliges Farbmuster, das auch in tieferem Wasser weithin leuchtet, signalisiert warnend die Gefährlichkeit dieser Abwehrwaffe. Doch ihr Verhalten scheint harmlos. Sanft und scheinbar schwerelos tasten sie sich an ihre Beutefische heran und treiben sie mit den abgespreizten Seitenflossen wie mit einem Fangnetz in die Enge. Diese raffinierte Technik wird noch durch eine arglistige Täuschung perfektioniert. An der Basis der Brustflossen befinden sich transparente Fenster, die dem bedrängten Beutetier einen Ausweg vorgaukeln. Versucht es aber, durch diese vermeintliche Öffnung zu entkommen, gerät es geradewegs in die Nähe des übergroßen Maules seines Jägers und wird sofort verschlungen.
Durch seine giftige Abwehrmöglichkeit und die perfekte Fangtechnik wird das Überleben des Rotfeuerfisches bestens gesichert.

Durch bizarre Formen und intensive Farbmuster erscheinen Rotfeuerfische wie lebende Wunderblumen. Ihre giftigen Stacheln richten sich stets drohend auf den vermeintlichen Gegner (rechts). Mit Hilfe ihrer fächerförmigen, federartigen Brustflossen treiben sie als Jäger ihre Opfer gezielt in die Enge (links). Durch ruckartiges Aufreißen ihres großen Mauls wird die Beute aufgesogen.

Gefährlich gut getarnt

Drachenköpfe oder Skorpionfische sind in allen Meeren beheimatet und besiedeln mit Vorliebe auch die Regionen des tropischen Korallenriffs. Da diese Fische ausschließlich auf dem Boden liegen, ist ihr Äußeres in unvergleichlicher Vollendung der Umgebung angepaßt. Durch seine vielen Farbabstufungen und die zahlreichen Hautauswüchse, die besonders den mächtigen Kopf umrahmen, ist ein Drachenkopf nur sehr schwer zu erkennen. Aus diesem Grunde hat bei der Entdeckung dieses Anpassungskünstlers auch meistens der Zufall seine Hand im Spiel. Stunde um Stunde lauert er unbeweglich geduldig auf dem Meeresgrund oder auf Felsen, um ja nicht aufzufallen. Nähert sich zufällig ein kleiner Fisch oder Krebs, so springt er mit einem Satz auf ihn zu, öffnet ruckartig das weit ausladende Maul und verschlingt das Opfer im Nu. Uns Taucher mahnt der Drachenkopf immer wieder zur Vorsicht, denn die Natur hat diesem Meister der Tarnkunst auch noch eine gefährliche Waffe verliehen. In den kräftigen Strahlen der Rücken- und Afterflossen und in einigen Dornen am Kopf sind Giftdrüsen versteckt. Greift man nun zufällig in solch eine Injektionsnadel hinein, so wird durch die Berührung die Haut zurückgeschoben, die den Stachel bedeckt. Sie drückt auf die gefährlichen Drüsen, und der Inhalt wird frei. Ein sofort auftretender brennender Schmerz zwingt den Taucher an die Oberfläche. Das betroffene Gewebe schwillt an, und es vergehen Stunden oder Tage, bis solch eine Verletzung überwunden ist. Achtsamkeit ist also geboten, obwohl der Drachenkopf kein Angreifer ist.

Wie ein Stein sieht dieser Drachenkopf mit seinen warzenartigen Auswüchsen aus. Man muß schon genau hinsehen, um sein Auge und das Maul zu erkennen (rechts). Hervorragend getarnt lauert er hier auf unachtsame Beutetiere. Kommt eines ihm zu nahe, reißt er ruckartig das ausladende Maul auf und verschlingt es sogleich (links).

Ein Verwandlungskünstler

Ein etwa 25 Zentimeter großer, unscheinbarer Fisch hat es mir angetan. Der auffällig breite Kopf mit den großen, kugelrunden Augen verleiht ihm ein drolliges Aussehen. An den Körper schmiegen sich zahllose Stacheln, die sorgsam nach hinten geklappt sind. Senkrecht im Wasser stehend, stößt er immer wieder ruckartig auf den Riffboden zu. Dabei bläst er einen scharfen Wasserstrahl auf den Korallensand, der hoch aufwirbelt und verborgene Kleintiere freilegt. Mein kleiner Freund leidet keinen Nahrungsmangel, denn immer wieder beißt er mit seinen kräftigen, zu Zahnleisten verschmolzenen Zähnen zu, die auch härteste Tierpanzer zu knacken vermögen. Er läßt sich durch meine Anwesenheit kaum stören, bis ich mich ihm auf 50 Zentimeter nähere. Nun unterbricht er seine Tätigkeit und schwimmt, ständig die gleiche Distanz einhaltend, vor mir her, um schließlich in einer Korallenspalte Zuflucht zu suchen. Sicher, ihn in der Falle zu haben, greife ich entschlossen zu und zucke sofort schmerzgepeinigt zurück. Ich habe das Gefühl, in einen Igel gefaßt zu haben, und erst das Licht meiner Lampe offenbart das Geheimnis! Dieser kleine Fisch hat sich um das Dreifache vergrößert, und seine vorher so harmlos wirkenden Stacheln stehen nun wie Stecknadeln nach allen Seiten ab. Auch mit Handschuhen geschützt gelingt es mir nicht, ihn ins freie Wasser zu befördern, denn fest in die Spalte geklemmt, läßt er sich auch nicht einen Millimeter bewegen. So wappne ich mich mit Geduld und warte. Schon nach wenigen Minuten kommt dieser putzige Igelfisch wieder klein und unscheinbar aus seinem Versteck hervor, als wäre nichts geschehen. Mit einem schnellen Griff packe ich ihn und kann nun beobachten, wie er sich in höchster Abwehrbereitschaft erneut langsam, aber zielstrebig, zu einem kleinen stacheligen Handball aufbläst. Mit seinem Kiemenkorb führt er ruckartige Schluckbewegungen aus und pumpt so einen eigens dafür vorhandenen dehnbaren Sack des Magens mit Wasser voll. Zunehmend richten sich auch die Stacheln auf, und da bekanntlich ein gebranntes Kind das Feuer scheut, entlasse ich ihn in die Freiheit. Wie ein Hubschrauber hebt er ab. Mit seinen kleinen Flossen, die er ständig flirrend bewegt, vollführt er auf engstem Raum die tollsten Kapriolen, bis er langsam zusammenschrumpft und davonschwirrt. Er demonstriert, daß es manchmal notwendig ist, mehr zu scheinen als zu sein.

Igelfische blasen sich bei Gefahr zu einer kugeligen Stachelfestung auf. Mit Hilfe ihrer Flossen können sie jedoch auch in diesem Zustand auf engstem Raum hubschrauberähnlich wenden. Die großen, dunklen Augen, verbunden mit den abgespreizten Stacheln, verleihen ihnen ein drolliges Aussehen.

Segelregatta in 50 Metern Tiefe

Wir sind auf einem Malediven-Atoll. Am Außenriff befindet sich in 50 Metern Tiefe eine weit ausgewaschene Korallenhöhle, die ein dort seit Jahren lebender Zackenbarsch für sich beansprucht. Ihn aufzusuchen und kennenzulernen ist unser Ziel. Wir gleiten tiefer und tiefer hinab, bis uns auch die letzten Sonnenstrahlen nicht mehr erreichen. Mit zunehmender Dunkelheit wird es auch kälter. Die Fische und Korallen erscheinen graublau, denn nur bei Licht werden die prächtigen Farben lebendig. Die Höhle, in welcher der legendäre Zackenbarsch hausen soll, ist leer. Enttäuschung macht sich breit. Doch gerade, als wir beschließen, wieder aufzusteigen, bietet sich uns ein herrlicher Anblick. Ein Schwarm von Korallenfischen steuert auf uns zu. Die etwa 40 Zentimeter großen Fischkörper, die wie flache Scheiben aussehen, besitzen stark verlängerte Rücken- und Afterflossen, wodurch sie wie aufgestellte Segel aussehen. Wie in einer Regatta zieht der Verband majestätisch seine Bahn. Er umrundet uns mit graziösen, ruhigen Bewegungen, und wir scheinen die Wendebojen zu bilden. Im krassen Gegensatz zu ihnen reißen wir hastig unsere Kameras hoch, um ja keinen kostbaren Augenblick dieser Begegnung zu verpassen. Die Regatta besteht aus Fledermausfischen, so genannt wegen ihrer auffälligen Form. Aber die Angst, sie rasch wieder aus den Augen zu verlieren, scheint unbegründet gewesen zu sein. Die Fische haben nicht die Absicht, uns gleich wieder zu verlassen, denn sie ziehen immer engere Kreise. Neugierig berühren sie uns sogar und zeigen sich sehr interessiert an den seltsamen Gestalten, die wir für sie sind. Tauchmaske, Kamera und Flossen, alles wird eingehend inspiziert. Als wollten sie das Phänomen der aufsteigenden Luftblasen ergründen, schwimmen sie hindurch und schnappen danach, vielleicht in der Hoffnung, etwas Freßbares zu erhaschen. An der silbern glänzenden Bauchseite unserer Segler fällt ein nicht zu übersehender schwarzer Fleck auf. Dieses optische Signal ermöglicht das Gruppenleben der Fledermausfische. Es dient der Erkennung und löst einen Reflex aus wie ein Magnet. Er bewirkt, daß die Fische aufeinander zuschwimmen. Man könnte ihn auch mit einer Flagge vergleichen, welche die Zugehörigkeit zu einer bestimmten Gruppe signalisiert.

Da Fledermausfische Allesfresser sind, kratze ich mit meinem Tauchmesser kräftig an der stark bewachsenen Korallenwand, um Kleinstlebewesen freizusetzen. Nun scheint es, als gerate die Segelregatta aus ruhigen Gewässern urplötzlich in einen Sturm. Die gleichmäßigen, fast sanften Bewegungen machen einer aufgeregten Hektik Platz.

Ein unkontrolliertes Durcheinander entsteht. Hastig schießen die Fische auf alles Freßbare zu, und jeder versucht, mit aller Gewalt etwas von der Nahrung zu erbeuten. Doch dann glätten sich die Wogen wieder. Die Tiere ordnen sich erneut zum Verband und begleiten uns, als wir langsam mit dem Aufstieg beginnen. Offensichtlich hoffen sie, nochmals Nahrung von uns angeboten zu bekommen. Doch daraus wird nichts mehr, denn wir nähern uns der Oberfläche. Im flachen Wasser angekommen, verabschieden wir uns von unseren Fledermausfischen. Vielleicht haben wir bei einem der nächsten Tauchgänge wieder einmal das Glück, dieser Segelregatta zu begegnen!

Fledermausfische zeichnen sich durch außergewöhnlich stark vergrößerte Flossen aus. Der scheibenförmige Körper wird dadurch optisch noch verstärkt. Wie große Segler gleiten die Fische mit ruhigen Bewegungen durch das Wasser, bleiben aber immer in der Nähe des Korallenriffs. Häufig trifft man sie in Gruppen an. Ein schwarzer Signalfleck unterhalb der Brustflosse kennzeichnet sie und löst den Reflex aus, auf die Artgenossen zuzuschwimmen. So wird eine Gruppenbildung ermöglicht.

Partnerschaft im Riff

Schmetterlingsfische findet man in allen Korallenriffen der Erde. Auch ein Riffwanderer kann sie schon im Flachwasser oder in etwas tieferen Tümpeln entdecken. Auf dem abgestorbenen Riffdach finden sie einen dichten Bewuchs von Fadenalgen, die sie gerne abfressen. Aber wer glaubt, sie hier leicht fangen zu können, der hat sich gründlich geirrt. Ihre diskusartige Körperform mit dem hohen Rücken macht es ihnen möglich, sich ohne Schwierigkeiten durch das Gewirr der Korallenäste hindurchzuwinden, um in einem unauffindbaren Versteck zu verschwinden.
Innerhalb von fünf Jahren hatte ich dreimal Gelegenheit, im Roten Meer am selben Riff zu tauchen. Jedesmal war die Wiedersehensfreude meinerseits groß, wenn ich immer wieder dasselbe Paar Schmetterlingsfische in einem bestimmten Riffgebiet antraf. Eine auffällige Narbenbildung auf dem Rücken des einen Fisches ließ keine Verwechslung zu.
Diese Ortstreue, die allen Schmetterlingsfischen gemeinsam ist, hat zur Folge, daß sie ihr einmal beanspruchtes Gebiet über Jahre hinaus gegenüber eindringenden Artgenossen verteidigen. Tag für Tag führen sie Patrouillengänge durch, um die für uns unsichtbaren Grenzen immer wieder durch ihre Anwesenheit zu markieren. An bestimmten Punkten verweilen sie stets für längere Zeit, damit auch dem uneinsichtigsten Artgenossen klar wird, daß es sich hier um ein bereits bewohntes Gebiet handelt. Wagt sich dennoch ein rivalisierendes Paar in die Nähe, werden Drohduelle ausgefochten. Mit hochaufgerichteten, weit gespreizten Rückenflossen demonstrieren die Fische Macht und Kampfeswillen. Zu einem wirklichen Kampf kommt es jedoch nur selten, denn im allgemeinen werden die Reviergrenzen respektiert. Die meisten Schmetterlingsfische leben in Dauerehe. Sie durchstreifen paarweise das Riff und bleiben mehrere Jahre zusammen. Dadurch wird auch in dünn besiedelten Gebieten die Erhaltung der Art gewährleistet. Aber in Regionen mit reichem Fischbestand der gleichen Art kommt es auch zu Schwarmbildungen. Bei einem Überfluß an Artgenossen stellt die Partnersuche kein Problem dar. Auch ohne feste Bindung kann bei Bedarf in der Menge rasch ein geeigneter Partner gefunden werden.
Bei Schmetterlingsfischen gibt es eine ganz einfache Verständigung: Jede Art hat eine spezifische Farbe, für den Rivalen ein Warnsignal, für den Partner eine Einladung! Damit wird die Brautwerbung leicht gemacht.

Schmetterlingsfische leben meistens paarweise zusammen. Es gibt von ihnen sehr viele Arten im Korallenriff, deshalb hat jede ihre ganz spezifische Färbung. Sie dient dem Rivalen zur Abschreckung, dem Geschlechtspartner dagegen als Aufforderung, sich zu nähern.

Ein hinterlistiger Reiter

Während eines Tauchganges in der Karibik machte meine Frau mich auf eine große Kolonie von Hornkorallen aufmerksam, an der ich zunächst wirklich nichts Besonderes feststellen konnte. Erst nach näherem Hinschauen nahm ich einen merkwürdig aussehenden Korallenast wahr, der sich bei eingehender Betrachtung als ein Fisch entpuppte. Er stand kopfabwärts mit seinem stabförmigen schlanken Körper von etwa 70 Zentimetern Länge zwischen den Korallenästen und hatte sich auch farblich vorzüglich angepaßt. Sein Kopf endete in einem röhrenförmigen Maul, das sich nach vorne etwas verbreiterte. Es war ein Trompetenfisch. Um ja nicht aufzufallen, machte er jede Bewegung der Koralle mit und lauerte so auf Beute. Doch anscheinend war der Platz ihm nicht ertragreich genug, denn plötzlich wurden wir Zeugen eines dramatischen Ortswechsels.
Ahnungslos war ein größerer Kaiserfisch in seinen Bannkreis gekommen. Unser wachsamer Räuber nutzte sofort die sich bietende Gelegenheit aus. Blitzschnell schoß er aus seinem Versteck hervor und schmiegte sich eng an den Rücken des erschrockenen Kaiserfisches. Mit ruckartigen Schwimmbewegungen versuchte dieser, den lästigen Reiter abzuschütteln, aber alle Bemühungen waren ohne Erfolg, der Trompetenfisch blieb oben. Er paßte sich so geschickt jeder Bewegung an, daß dem Kaiserfisch nichts anderes übrigblieb, als sich mit der Situation abzufinden. Er setzte also seine Nahrungssuche fort, zupfte hier und dort und wirbelte damit viele kleine, am Boden liegende organische Substanzen auf. Damit lockte er Kleinfische an, die sich im freien Wasser tummelten.
Inzwischen hatte der Trompetenfisch sich durch Gelbtönung dem Kaiserfisch angepaßt und konnte aus der Tarnung heraus seine Jagd beginnen. Urplötzlich stieß er nach vorn, erbeutete Fisch um Fisch und schlang alles in sich hinein. So wurde vor unseren Augen das Riff um eine beachtliche Anzahl bunter kleiner Korallenfische ärmer! Eine raffinierte Art der Räuberei, andere Fische als Tarnung zu benutzen und so ahnungslosen Opfern aufzulauern.
Offensichtlich gesättigt, setzte der Reiter sich schließlich wieder von seinem Roß ab und verschwand, so schnell er konnte, zwischen den Korallen. Hier paßte er sich erneut in perfekter Weise seiner Umgebung an. Wären nicht seine suchenden Augen gewesen, man hätte ihn glatt für einen Korallenast halten können.

Der Trompetenfisch stellt sich gern in die reichlich vorhandenen Korallenäste, denen er sich auch farblich anpaßt. Gut getarnt, jagt er Kleinfische in großer Zahl. Wenn er seinen Standort wechselt, trifft man ihn auch frei schwimmend an (rechts). Durch seine röhrenartige Form ist er manchmal nur schwer als Fisch zu erkennen. Oft verraten ihn nur die großen Augen (links).

Leben im Schwarm

Obwohl ich schon seit Jahren tauche, ist es für mich immer wieder ein besonderes Erlebnis, im Riff auf einem Korallenblock zu sitzen und die schweigende Welt um mich herum zu beobachten. Diesmal fasziniert mich ein Schwarm von Goldstreifenschnappern. Ohne festes Revier, streifen sie wie Vagabunden durch das Riff, ständig auf der Suche nach Nahrung. Kaum haben sie mich erblickt, rücken sie eng zusammen und umschwimmen mich abwartend. Dabei halten sie immer eine festgelegte Fluchtdistanz ein. Erst als der Schwarm sich etwas entfernt, lockert sich der Zusammenschluß, und ich sehe, wie einzelne Fische sich lösen, um hier und da Nahrung aufzunehmen. Schwimmt dabei einer in eine neue Richtung, so folgt ihm sogleich ein Teil des Schwarms, und sofort fügt sich der Verband wieder zusammen. Ich will versuchen, sie auseinanderzubringen und schwimme provozierend dazwischen. Absichtlich stifte ich durch ruckartige Handbewegungen Unruhe und erreiche, daß der Verband sich teilt. Nach rechts und links fliehen die Goldstreifenschnapper, die Ordnung scheint gestört zu sein. Doch es dauert nicht lange, und wie von unsichtbarer Hand zusammengefügt, bildet der Verband wieder eine Einheit. Schwarmfische besitzen einen angeborenen Zusammengehörigkeitstrieb und einen ausgeprägten Instinkt für ihr Sozialverhalten. Für das Einzeltier ist der Schwarm eine Lebensgemeinschaft, die ihm Sicherheit und Geborgenheit bietet.

Die Verständigung untereinander erfolgt über optische und wahrscheinlich auch chemische Reize. So kann innerhalb von Sekundenbruchteilen ein Richtungswechsel vollzogen werden, selbst wenn der Verband aus Hunderten von Fischen besteht. Dieses Verhalten bringt mehrere Vorteile. Viele Augen sehen mehr als zwei, deshalb kann auch Nahrung rascher wahrgenommen werden. Aber auch Gefahren sind schneller zu erkennen. Der Schwarm wirkt optisch wie ein großer Fisch, und es wird dem Feind erschwert, Einzeltiere zu erbeuten. Das ist eine hervorragende Schutzvorrichtung, die auch dazu dient, die Art zu erhalten.

Das Schwimmen im Verband schützt vor Freßfeinden. Der Angreifer wird durch die Vielzahl der Fische irritiert. Er kann so kein Einzeltier fixieren und verschlingen. Eine weitere Schutzmöglichkeit bewirkt die Form des Verbands (links): Zieht man eine Linie um den Schwarm, so erscheint optisch ein abschreckender Großfisch!

Exotische Schönheit

Phantasievoll wie ein Paillettenkostüm ist das Schuppenkleid der Kaiserfische, und genauso phantasievoll sind auch die Namen vieler Arten, wie „Pfauenaugen-Kaiserfisch" oder „Königin-Engelsfisch". Sie sind so auffallend schön, daß auch der nicht zoologisch bewanderte Taucher sie sofort erkennen kann. Ihr Lebensraum ist ausschließlich in den tropischen Meeren zu finden. Wie Schmetterlings- und Wimpelfische haben auch sie borstenartige, spitze Zähne, mit denen sie Kleintiere, Algen und Polypen von der Korallenoberfläche abzupfen. Ein typisches Merkmal ist ein nach hinten gerichteter Dorn am hinteren Kiemendeckel, dessen Funktion allerdings unbekannt ist.
Im allgemeinen verbringen Kaiserfische ihr Dasein paarweise innerhalb eines genau abgesteckten Reviers, dessen Grenzen sie mißtrauisch bewachen. Besonders gegen Artgenossen verteidigen sie das beanspruchte Territorium ganz konsequent, denn in ihnen fürchten sie Freßrivalen. Erkennungsmerkmal ist die artspezifische Zeichnung und Färbung. Wie schaffen es dann aber die Jungfische, inmitten dieser Rivalitätskämpfe zu überleben?
Sie bringen ein wahres Kunststück fertig und täuschen die eigenen Artgenossen durch eine Art Maskerade, die ein besonders raffiniertes Meisterwerk der Natur darstellt. Ihr Schuppenkleid hat nämlich eine völlig andere Zeichnung und Färbung als das der ausgewachsenen Tiere. Auf diese Weise können sie unbehelligt ihr eigenes Revier abgrenzen und unter den Augen der älteren Artgenossen sicher heranwachsen. In der Regel ist ihr Gebiet sehr klein, es mißt oft nur einen halben Quadratmeter.
Wenn sie kräftig und groß geworden sind, verändert sich ihr Aussehen. Nach einer Übergangsphase nehmen sie die charakteristische Färbung ausgewachsener Tiere an und müssen sich nun einen neuen Lebensraum suchen. Die Größen der Kaiserfischarten sind sehr unterschiedlich. Es gibt Zwerge mit nur 5 Zentimetern und Riesen mit 60 Zentimetern Länge. Die glänzenden Schuppen mit den herrlichen Farben machen das Tier zum ungekrönten Kaiser unter den Korallenfischen. Es ist, als wetteiferten die vielen Arten darum, welche nun die schönste sei.

Sie zählen zu den Schönsten ihrer Art, der Königin-Engelsfisch in der Karibik (rechts) und der Pfauenaugen-Kaiserfisch im Indopazifik (links).
Beide Arten leben meist paarweise zusammen und bleiben ihr Leben lang in demselben Revier.

Eine merkwürdige Gemeinschaft

Häufig trifft man in Riffbezirken auf Schwärme von Jungfischen, die ihren Lebensraum mit einem oder gar mehreren Raubfischen teilen.
Dieses Zusammenleben erscheint unverständlich, und es drängt sich die Frage auf, wie eine solche Gemeinschaft überhaupt funktioniert. Wie so oft in der Natur, stoßen wir auch hier auf hervorragend aufeinander abgestimmte Verhaltensweisen. Verläßt der Räuber sein Revier, lockern die Jungfische ihren Verband und wagen sich zur Nahrungssuche hervor, bilden aber sofort ein dichtes Knäuel, wenn er sich wieder nähert. Zieht er sich in seine Behausung zurück, sind sämtliche Fische darauf bedacht, eine ausreichende Fluchtdistanz einzuhalten, so daß sich eine regelrechte Glocke um den Räuber bildet. Von der Vielzahl der Fischkörper optisch irritiert, muß er nun versuchen, einzelne Fische vom Verband abzusprengen, um seine Nahrungsgelüste zu stillen. Er startet Scheinangriffe auf die so nahen und doch unerreichbaren Leckerbissen, die in wilder Hast auseinanderstreben. Hat sich aber ein kleiner Fisch in panischer Angst vom Schwarm gelöst, so ist es für den Jäger ein Leichtes, ihn zu erbeuten.

Welchen Sinn hat diese widersprüchlich erscheinende Gemeinschaft also? Die Beantwortung dieser Frage enthüllt eine Raffinesse der Natur. Würden Jungfischschwärme frei im Wasser umherziehen, wären sie einer Unmenge von Feinden ausgesetzt. Leben sie jedoch mit einer begrenzten Zahl zusammen, so können sie sich bestmöglich auf deren Gewohnheiten einstellen. Außerdem wird der Raubfisch immer sein Revier gegen jeden Freßfeind verteidigen, und damit schützt er ungewollt auch die Jungfische. Natürlich fordert er auch seinen Tribut, doch selbst damit erfüllt er eine wichtige Aufgabe durch Selektion. Nur den reaktionsschnellsten und kräftigsten Jungfischen gelingt es, in dieser Gemeinschaft zu überleben und sich später fortzupflanzen.

Häufig leben Jungfische mit Freßfeinden zusammen. Diese verteidigen ihr Revier und schützen damit auch die Schwarmfische vor weiteren Gefahren (links). Die Kleinen halten um den Barsch stets eine Fluchtdistanz ein (rechts). Den Feind umgibt so eine Art Glocke, wie es die Zeichnung verdeutlicht.

Ein überraschender Angriff

Wir schwimmen langsam über das Riff. Plötzlich spüren wir, daß uns jemand verfolgt. In einer Entfernung von nur 8 Metern bemerken wir einen Barrakuda von beachtlicher Länge, etwa 1,20 Meter. Sein pfeilartiger Körper scheint im Wasser zu stehen, während seine Augen unseren Bewegungen wachsam folgen. Der schmale, spitze Kopf mit dem vorgezogenen Unterkiefer vermittelt den Eindruck brutaler Härte. Fast unauffällig rückt er näher und näher an uns heran. Drehen wir uns um, entfernt er sich, schwimmen wir weiter, nimmt er sofort wieder seine alte Position ein. Schließlich ist er bis auf etwa 4 Meter herangekommen, und es reizt mich, ein Foto von diesem gefürchteten Räuber zu schießen. Wir stehen uns gegenüber, und während er immer wieder sein kraftvolles Maul öffnet und die scharfen Fangzähne zeigt, schwimme ich ihm entgegen.

Da geschieht es in Bruchteilen von Sekunden: Der Barrakuda schnellt in einem Überraschungsangriff auf mich zu und beißt erbarmungslos in das Blitzgerät meines Fotoapparates, der mir aus der Hand gerissen wird. Es knirscht und kracht, und ehe ich recht zur Besinnung komme, liegt meine Kamera auf dem Meeresgrund. Der Angreifer aber ist verschwunden! Dieses Erlebnis zeigt das typische Jagdverhalten der Barrakudas. Sie beobachten zunächst ihre Opfer eingehend, greifen dann blitzschnell an und beißen mit ihren kräftigen Kiefern ein einziges Mal zu, um dann rasch zu verschwinden. Nie werden sie einen zweiten Angriff auf dasselbe Opfer starten. Sie sind vorwiegend in tropischen Meeren zu Hause und leben als Jungtiere im Schwarm. Aber wenn sie eine Größe von etwa 60 Zentimetern erreicht haben, verlassen sie den Verband und übersiedeln auf das Riff. Hier leben sie, meist als Einzelgänger, zeitlebens in ein und demselben Revier. Bei einer Lebenserwartung von ungefähr 14 Jahren erreichen manche eine Länge von 2,50 Metern. Ihre Verhaltensweise ist unberechenbar, und deshalb können sie Tauchern sehr gefährlich werden. Mein kleines Abenteuer beweist sehr deutlich, daß man Barrakudas mit außergewöhnlicher Vorsicht begegnen sollte.

Junge Barrakudas leben im Schwarm und bilden eine Freß- und Schutzgemeinschaft (rechts).
Größer geworden, lösen sie sich vom Verband und suchen sich ein eigenes Revier, wie dieser etwa 1,70 Meter große Barrakuda (unten).

Echte Lebensgemeinschaft

Bei nahezu jedem tropischen Tauchgang im indopazifischen Raum wird man als Taucher mit einer aufregenden, aber durchaus sinnvollen Lebensgemeinschaft konfrontiert. Seeanemonen und Anemonenfische – diese unverrückbare Einheit fasziniert auch mich immer aufs neue!
Der prächtig gefärbte Fuß einer Anemone verlockt zum Fotografieren. Ihre Tentakelkrone mit den giftigen Nesselzellen ist voll entfaltet. Darüber hält sich, durch markante Färbung und Zeichnung weithin sichtbar, ein Pärchen Anemonenfische auf. Sobald sie mich wahrgenommen haben, verfallen sie in wippende Schwimmbewegungen. Dieses hektische Auf und Ab zeigt an, daß sie sich in einer Konfliktsituation befinden. Sollen sie in ihre lebende Schutzbehausung zurück oder sollen sie wegschwimmen? Die Entscheidung fällt zugunsten des Wirts, und schon verschwinden sie zwischen den zahlreichen nesselnden Tentakeln. Immer wieder kuscheln sie sich in die Fangarme hinein, die Geborgenheit und Sicherheit versprechen. Doch auch der vermeintliche Feind wird nicht vergessen. Ständig aufs neue kontrollieren sie wachsam die Bedrohung. Da mich ihr gefährlicher Wohnort jedoch keineswegs abschreckt, gehen sie zum Angriff über. Wütend stürzt sich der größere der beiden Fische auf meine bedrohlich wirkende Hand und beißt furchtlos hinein. Diese Begebenheit zeigt, daß die schützende Anemone konsequent verteidigt wird. So besteht eine Lebensgemeinschaft zu gegenseitigem Nutzen. Die Seeanemone verteidigt mittels der Nesselkapseln ihre Bewohner. Die Fische wiederum wehren Räuber ab, die sich von Seeanemonen ernähren. Die Anemonenfische selbst werden nicht genesselt, da sie von einer schützenden Schleimschicht umgeben sind. Es handelt sich um eine echte Symbiose. Die Vorteile sind gleichmäßig verteilt.

Anemonenfische leben stets mit giftigen Seeanemonen zusammen. Eine schützende Schleimschicht der Haut bewahrt sie vor Nesselkapseln ihres Wirts. Sie verteidigen ihre Anemone konsequent und mutig, schützen so ihren Lebensraum. Die Anemone wiederum vertreibt Feinde der Fische durch ihre Nesseln. Ein gemeinsames Leben zu gegenseitigem Nutzen.

Sinnvolle Geschlechtsumwandlung

Immer wieder sieht man unter Wasser größere Seeanemonen, in denen sich mehrere Clownfische der gleichen Art aufhalten. Das erscheint auf den ersten Blick verwunderlich, weil diese Fische stets in Einehe, also mit nur einem Partner, leben. Beschäftigt man sich näher mit dieser Verhaltensweise, so zeigt sich, daß der Sinn dieser Gemeinschaft auch hier in der Erhaltung der Art liegt.
Clownfisch-Pärchen brauchen als Lebensraum immer eine Anemone, die ihnen bestmöglichen Schutz bietet und die sie freiwillig niemals verlassen. Beim Tode eines Partners wäre der andere gezwungen, nach einem neuen Begleiter zu suchen. Hierfür müßte er sich in das freie Wasser wagen und wäre den unzähligen Räubern im Riff hilflos ausgeliefert. Um das zu verhindern, befinden sich Ersatzpartner bereits in derselben Anemone, aber noch als Jungfische. Da Clownfische ihren Lebenslauf immer als Männchen beginnen, setzt nun bei Bedarf eine Geschlechtsumwandlung ein. Alle Männchen sind in der Lage, die Funktion von Weibchen zu übernehmen. Aber in jeder Anemone wird nur ein einziges geschlechtsaktives Paar geduldet. Seine Position wird durch eine strenge Rangordnung gestützt. Das Weibchen, als größter und kräftigster Fisch, nimmt die erste Stelle ein, dann folgt der etwas kleinere männliche Partner. Während das Weibchen absolut unantastbar ist, muß das Männchen seine Stellung gegenüber den Jungfischen unablässig verteidigen. Durch angeborene, immer wieder vorgetragene Angriffsrituale verhindert es die Geschlechtsreife und das weitere Wachstum der jungen Rivalen. Stirbt nun aber das Weibchen, so schlüpft das Männchen in diese Rolle und wechselt sein Geschlecht, während der kräftigste Jungfisch zum ranghöchsten Männchen heranwächst. Die kleinen Fische befinden sich sozusagen immer auf der Warteliste. Es ergibt sich nun die Frage, wie denn Clownfische überhaupt andere Anemonen und damit neue Riffbezirke aufsuchen können. Die Antwort gibt die Natur selbst. Im Abstand von etwa 14 Tagen legen die Weibchen ihre Eier am Fuß der Wirtsanemone ab. Dort wachsen sie unter strenger Bewachung und sorgsamer Pflege des Männchens heran, bis sie am zehnten Tage ausschlüpfen. Zahllose winzige Fische werden nun kilometerweit von der Strömung fortgetragen. Sie ernähren sich von Plankton, wachsen heran und lassen sich irgendwo in einer Anemone nieder. Sie ist von nun an der zufällig gefundene Lebensraum, der nicht wieder verlassen wird. Durch diese passive Reise am Beginn ihres Lebens findet man dieselbe Art der seßhaften Clownfische in den unterschiedlichsten Regionen.

Seeanemonen kommen in allen Riffgebieten vor, auch im Korallensand. Sie bilden den Lebensraum für Clownfische. Sieht man mehrere davon in den Tentakeln, handelt es sich um ein geschlechtsaktives Pärchen mit männlichen Jungfischen. Stirbt das Weibchen, macht das Männchen eine Geschlechtsumwandlung durch, und ein Jungtier wächst zum neuen Partner heran (links).
Anemonen bevorzugen bewegtes, planktonreiches Wasser. Ihre Arme wiegen und biegen sich in der Strömung wie Gräser im Wind (rechts).

Ein lästiger Begleiter

Tauchanzüge beugen nicht nur der Unterkühlung vor. Gerade in tropischen Meeren schützen sie auch vor direktem Hautkontakt mit Tieren, die für den Menschen unangenehme oder sogar gefährliche Abwehrwaffen besitzen. Das lernte ich durch eine jener unerwarteten Begegnungen, von denen es so viele in der Unterwasserwelt gibt.
Nur mit Badehose und nötigster Tauchausrüstung versehen, durchstreife ich das Riff. Plötzlich spüre ich eine Berührung an meinem Oberschenkel und entdecke erstaunt, daß sich ein etwa 20 Zentimeter langer Fisch dort festgesaugt hat. Belustigt über soviel Unverfrorenheit befreie ich mich von diesem lästigen Begleiter. Doch er läßt sich sofort auf meinem Rücken nieder. Nachdem meine Frau ihn auch hier entfernt hat, wählt er blitzschnell einen vorbeischwimmenden Papageifisch zum neuen Wirt. Kaum spürt dieser seinen Begleiter, schwimmt er, so schnell er kann, in Richtung Meeresboden und versucht, ihn durch Scheuern im Sand und Schaben an den Korallenästen loszuwerden. Doch es gelingt ihm nicht, denn dieser Fisch gehört zur Familie der Kopfsauger und heißt Schiffshalter. Er benutzt alles, was sich im Wasser bewegt, als Transportmittel. Seine erste Rückenflosse ist zu einer Saugscheibe umgewandelt, die, ähnlich einem Waschbrett, lamellenartige Querleisten hat. Diese richten sich auf, sobald der Schiffshalter sich auf seinen Wirt schiebt.
Es entsteht ein Unterdruck, der den Saugeffekt zur Folge hat. So haften die Tiere fest an ihrem Wirt, profitieren von dessen Beute und ernähren sich auch noch von seinen Parasiten. Das könnte dem Wirt eigentlich recht sein, doch die Lästigkeit überwiegt. Die Saugfähigkeit der Schiffshalter findet manchmal in der Südsee beim Schildkrötenfang praktische Verwendung. Man befestigt eine Leine an der Schwanzwurzel des Fisches. Nähert sich eine im Meer schwimmende Schildkröte, so läßt man den Schiffshalterfisch ins Wasser. Sobald er sich auf dem Panzer festgesaugt hat, werden beide, Schildkröte und Fisch, an Bord gezogen. So machen sich Menschen die biologische Besonderheit des Schiffshalters zunutze.

Schiffshalterfische besitzen am Kopf eine Saugscheibe, mit welcher sie sich fest an andere Tiere heften, um sich mitnehmen zu lassen. Hier ist ein Ammenhai der unfreiwillige Transporteur. Findet sich kein geeigneter Fisch, begnügen sie sich auch mit treibenden Baumstämmen oder Schiffen, um voranzukommen.

Ein Schiffshalter hat sich einen zufällig vorbeischwimmenden Papageifisch als Wirt ausgesucht. Dieser wehrt sich entschieden gegen den Begleiter und bemüht sich vergeblich, ihn durch Scheuern im Sand oder an Korallenästen abzustreifen (Fotos unten und rechts).

Mythos der Gefährlichkeit

Muränen sind als Warmwasserfische in allen Riffbezirken tropischer Meere anzutreffen, von der Gezeitenzone bis hin zum Fuß der Riffe. Sie gehören zur Ordnung der Aalfische mit ihren schlangenförmig langgestreckten Körpern, die seitlich etwas abgeflacht sind. Ihre lederartige Haut ist dick und ohne Schuppen. Charakteristisch für Muränen ist der durchgehende Flossensaum, der Schwanz-, Rücken- und Afterflosse miteinander verbindet. Bauch- und Brustflosse fehlen. Ihre Länge ist unterschiedlich. Einige werden nur 20 Zentimeter, andere wachsen zu wahren Giganten von 3 Metern heran. Die meisten Muränen sind unauffällig in der Färbung, so daß sie in ihrer Umgebung kaum auffallen. Manche aber, und besonders die kleineren, sind in Zeichnung und Farbe intensiv. Tagsüber halten sie sich in Spalten und Höhlen verborgen, wo man sie manchmal zusammen mit Putzergarnelen antrifft, von denen sie sich reinigen lassen. Muränen wohnen jahrelang in derselben Behausung. Ausschließlich ihr Wachstum zwingt sie, einen Wechsel vorzunehmen. Immer in der Dämmerung, sowohl früh am Morgen als auch am Abend, verlassen sie ihre Verstecke und gehen auf Nahrungssuche. Da sie sehr schlecht sehen können, dafür aber ihr Geruchssinn ausgezeichnet entwickelt ist, finden sie fast ausschließlich damit ihre Opfer. Dann reißen sie das Maul weit auf, schnappen die Beute und verschlingen sie meist völlig unzerkaut.

Muränen sind von einem wahren Mythos der Gefährlichkeit umgeben, und man erzählt sich viele Schauergeschichten. Aber für sie gilt das gleiche wie für andere Raubfische auch: Sie sind für den Menschen nur dann gefährlich, wenn sie in die Enge getrieben werden oder ihr Revier verteidigen müssen. Dann allerdings muß man damit rechnen, gebissen zu werden. Davon können allzu mutige Taucher ein Lied singen. Der Biß einer Muräne ist besonders gefürchtet, weil sich in ihrem Maul ein giftiger Schleim befindet, der eine zersetzende Wirkung auf die roten Blutkörperchen des Menschen ausübt. Läßt man Muränen in Ruhe, sind sie absolut ungefährlich.

Wie ein Aal schlängelt sich die Muräne, wenn sie in der Dämmerung auf Beutefang geht (links).
Tagsüber lebt sie in ihrer Höhle, wo sich auch oft Putzergarnelen aufhalten, von denen sie sich reinigen läßt. Zunächst wird ein herankommender Taucher aufmerksam beobachtet. Kommt er jedoch zu nahe heran, droht die Muräne und zeigt mit weit aufgerissenem Maul ihre Zähne (rechts).

Die Standhaften

Eine Wolke kleiner, durchsichtiger Jungfische verhüllt wie ein Tüllvorhang den Eingang zu einer großen Korallenhöhle. Mich fesselt dieses Bild, gleichzeitig weckt es in mir aber auch den Wunsch, einen Blick hinter die Kulissen zu tun. So stürze ich mich hinein in dieses Bollwerk aus lebenden Fischleibern. Aber wie auf Kommando öffnet sich eine Gasse, durch die ich ungehindert in das Innere schwimmen kann wie durch ein Spalier von Jungfischen. Gezielt lasse ich den Strahl meiner Lampe die Deckenwand über mir entlangwandern. Viele dunkle Augen roter Fische scheinen mich aufmerksam zu mustern. Für einen Moment drängt sich mir der Gedanke an eine verkehrte Welt auf, in der oben und unten vertauscht sind. Die Bauchseite der Fische ist zur Höhlendecke gerichtet, und es sieht aus, als hingen sie förmlich. Ihre unverhältnismäßig großen Augen verraten, daß es sich um Nachttiere handelt. Offenbar richten sie ihre Körperstellung nach der Raumstruktur aus.
Der Schein der Lampe trifft jetzt auf einen etwa 45 Zentimeter großen Fisch, der mir seine rote Breitseite zuwendet und wie ein Standbild unbeweglich vor einer Hornkoralle verharrt. Der Zufall scheint mich in eine Kaserne geführt zu haben, denn sowohl die mich wachsam von oben beäugenden Fische als auch der Standhafte gehören zur Familie der Soldatenfische. Sie nehmen zahlenmäßig im Riff die bedeutendste Stellung ein. Ihren Namen, der nach Wehrhaftigkeit klingt, verdanken sie den starken Dornen an Flossen und Kiemendeckeln. Fast alle Fische dieser Familie haben leuchtendrote Schuppen in den verschiedensten Abstufungen. Ihr seitlich abgeflachter Körper hat bis zum hinteren Drittel fast die gleiche Höhe, verjüngt sich dann aber zu einem schmalen Schwanzende. Die spitzen Stacheln der Soldatenfische können wie kleine Lanzen schmerzhafte Verletzungen verursachen, deshalb sollte man lieber die Finger von ihnen lassen. Tagsüber halten sie sich versteckt, nachts aber werden sie lebendig und machen sich auf die Suche nach Nahrung.
Langsam nähere ich mich dem Unbeweglichen, den ich im stillen den „General" nenne. Unentwegt fixiert er mich, doch dann tritt er den Rückzug an.
Seine Standhaftigkeit hat mir imponiert, und es reizt mich, ihn ein wenig aus der Reserve zu locken. In den folgenden Tagen führt mich mein Weg immer zuerst zu ihm, und es dauert gar nicht lange, da kommt er mir schon entgegengeschwommen. Ein paar Muschelstückchen als Mitbringsel stimmen ihn friedlich, und so entwickelt er sich zu einem dankbaren Fotomotiv.
Doch bei aller Zutraulichkeit habe ich immer eine gewisse Distanz gewahrt, um keine Bekanntschaft mit seinen starken Abwehrwaffen zu machen. Denn wenn der Großdorn-Soldatenfisch auch nicht angreift, genügt schon die Berührung seiner Stacheln. Jede Verletzung ist im Salzwasser besonders schmerzhaft.

Sehr häufig begegnen dem Taucher Soldatenfische. Ihre großen Augen verraten ihre Lebensweise, es handelt sich um Nachttiere. Während einige Arten gruppenweise anzutreffen sind (links), begegnet man dem Großdorn-Soldatenfisch meistens als Einzelgänger (rechts).
Ein gemeinsames Merkmal ist die Rotfärbung ihrer Schuppen in den verschiedensten Abstufungen.

Ein erstaunlicher Mechanismus

Bei einem meiner Tauchgänge werde ich durch die brillante Färbung eines Fischschwanzes magisch angezogen. Er leuchtet so aufreizend aus einem Korallenloch hervor, daß ich der Versuchung nicht widerstehen kann, zu ergründen, zu welcher Art er gehört. Vorsichtig tippe ich ihn an, doch es erfolgt nicht die geringste Reaktion. Auch ein sanftes Ziehen bleibt unbeantwortet. Schließlich versuche ich es mit einem vorsichtigen Ruck. Doch als auch daraufhin noch kein ganzer Fisch erscheint, resigniere ich. Offensichtlich hat sich dieses Wesen fest in der Aushöhlung verkeilt. Das irritiert mich, zumal es auch noch grunzende Geräusche von sich gibt. Da ich aber nicht ganz aufgeben will, warte ich volle zehn Minuten. Da endlich schiebt sich auch das zur Schwanzflosse gehörende Vorderteil sachte rückwärts aus der Höhle heraus, und nun kann ich das ganze Tier in seiner vollen Schönheit bewundern. Es ist der seltene Leopardenfisch, in Zeichnung und Färbung einer der schönsten Drückerfische, den die tropischen Meere beheimaten. Auffällig ist der große Kopf, der ein Drittel des Körpers ausmacht. Das kleine Maul wird durch hervorstehende Linien optisch vergrößert. Die lebhafte Zeichnung der Bauchpartie erinnert tatsächlich an einen Leoparden. Wie bei allen Drückerfischen wirkt er in seinen Schwimmbewegungen etwas unbeholfen.
Das kommt daher, daß er lediglich die zweite Rückenflosse und die Afterflosse zur Fortbewegung benutzt. Beide treiben ihn mit kleinen, wellenartigen Bewegungen vorwärts. Die Brustflosse dient der Höhensteuerung, während die Schwanzflosse als Seitenruder arbeitet, und die Richtung bestimmt.

Nachdem ich das auffallend schöne Tier als Drückerfisch erkannt habe, weiß ich natürlich, warum es mir nicht gelungen ist, ihn herauszuziehen. Diese Art kann sich ganz fest in Felsspalten drücken, daher hat sie ihren Namen. Das geschieht auf eine sehr seltsame Weise. Die erste Rükkenflosse ist nämlich zu einer bestimmten Funktion umgestaltet. Sie besteht aus drei kräftigen Stacheln, die durch eine Spannhaut miteinander verbunden sind. Der erste, größer als die anderen, ist an der Vorderseite rauh wie eine Feile, hinten aber glatt. An seiner Basis befindet sich eine Auskerbung, in die der zweite Stachel genau paßt. Richtet sich nun der erste Sporn auf, werden durch die Spannhautverbindung auch die beiden anderen hochgezogen. Dabei rastet der zweite fest in den ersten ein und steht ohne Muskelkraft aufrecht, bis der Fisch die Rückenflossenstrahlen wieder anlegen will. In diesem Fall vollzieht sich die Bewegung in umgekehrter Richtung: Der dritte Stachel wird zurückgeklappt und zieht über die Haut den zweiten nach hinten, welcher ausrastet und damit die Arretierung löst. Mit einem solchen Mechanismus ist der Drückerfisch in der Lage, sich fest in Spalten zu verkeilen, um so gesichert in aller Ruhe mit seinen acht meißelartigen Zähnen Muscheln und Krebse von den Korallenwänden zu brechen, zu zerkleinern und die Weichteile zu verzehren. Ein merkwürdiger Fisch, der auch noch Laute von sich geben kann. Sie klingen wie Trommeln oder Grunzen und werden durch einen Knochen erzeugt und über die Schwimmblase verstärkt. Als der Leoparddrücker davonwedelt, ist er noch lange als Farbfleck zu erkennen. Ein wirklich erstaunliches Exemplar.

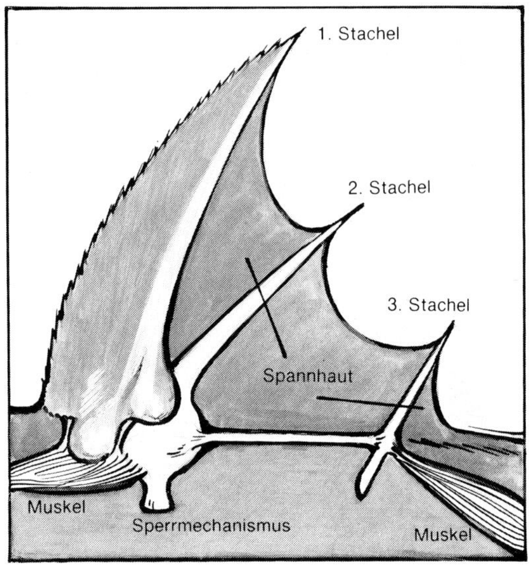

Schemazeichnung der ersten Rückenflosse des Drückerfisches. Wird der erste Stachel aufgerichtet, ziehen sich die beiden anderen durch die Spannhaut ebenfalls hoch. Der zweite rastet an der Basis in den ersten ein und steht solange ohne jede Muskelkraft fest, bis der Fisch den Mechanismus wieder löst. Das geschieht in umgekehrter Reihenfolge: Der dritte Stachel wird nach hinten gelegt und zieht die beiden anderen mit. Dadurch löst sich die Arretierung des zweiten, und dieser sowie der erste können wieder angelegt werden. Ein Band zwischen dem zweiten und dritten Stachel sorgt zusätzlich für Stabilität.

Der Leopardfisch ist der prächtigste unter den Drückerfischen. Seine weithin leuchtende Zeichnung und Färbung erinnern an ein Leopardenfell, was ihm auch den Namen einbrachte.

Vom Vampir bis zum Einzeller

Die Suche nach ausgefallenen Fotomotiven gebe ich für heute auf, denn das Riff wimmelt vor allem von Soldatenfischen. So entschließe ich mich, von ihnen Nahaufnahmen zu machen. Den Blick auf der Mattscheibe meiner Unterwasserkamera, stelle ich einen auffällig ruhig stehenden Fisch scharf ein. Da entdecke ich überrascht auf dem Kopf des nur 15 Zentimeter langen Tieres ein undefinierbares Gebilde. Ein Druck auf den Auslöser, der Blitz flammt auf, und das seltsame Gespann ist im Bild festgehalten. Auf dem Diapositiv erkenne ich, daß auf dem Kopf des Soldatenfisches ein Tier sitzt, das unseren Keller- und Gartenasseln ähnelt. Meine Nachforschungen ergeben, daß es tatsächlich eine zur gleichen Familie gehörende Fischassel ist. Sie lebt als Parasit ausschließlich im Wasser und fällt schwimmende Fische an. Mit den vorderen Beinpaaren, die zu wirksamen Klammerfüßen entwickelt sind, heftet sich die Assel an Kopf, Flossen oder Kiemen ihrer Opfer. Dabei verkrallt sie sich so fest, daß es nicht gelingt, sie zu lösen. Ihr stechendes Mundwerkzeug bohrt sich durch die Fischhaut und saugt wie ein Vampir das Blut ihres Wirtes aus. Da der bedauernswerte Fisch nicht in der Lage ist, den Schmarotzer loszuwerden, wird er über Tage und Wochen hindurch förmlich ausgesaugt. Von Asseln befallene Fische sind also rettungslos verloren. Diese Beobachtung hat mich schockiert, und bei meinem nächsten Ausflug im Riff achte ich besonders auf die Haut einiger Korallenfische. Dabei fällt mir auf, daß einer der Schmetterlingsfische krebsartige Wucherungen an seinen Schwanz- und Brustflossen hat. Diese Auswüchse werden von einem Virus verursacht, der in den Hautzellen lebt und sich dort auch vermehrt. Die befallenen Bindegewebszellen fangen an, unkontrolliert zu wachsen, die Wucherungen werden schließlich so groß, daß das erkrankte Tier nicht mehr lebensfähig ist.

Eine andere Parasitenart lernte ich kennen, als ich im Roten Meer ein Pärchen hübscher Clownfische fing und mit in mein Aquarium nahm. Gesund und munter schwammen sie zunächst darin herum und nahmen gleich am ersten Tag Futter an. Meine große Freude darüber wurde jedoch am sechsten Tag getrübt. Die Fische begannen, sich wieder und wieder an Steinen und Kanten zu scheuern. Bei eingehender Betrachtung konnte ich kleine weiße Pünktchen feststellen, die sich von Tag zu Tag vermehrten. Die Atemfrequenz der Tiere nahm rapide zu. Schließlich verweigerten sie das Futter. Ihre Körper waren von den weißen Punkten übersät. Diese Erkrankung wird durch einen Einzeller verursacht, wie ich später erfuhr. Dieser kommt überall an tropischen Korallenriffen vor und lebt als Parasit auf der Haut und an den Kiemen von Meeresfischen, ohne ihnen jedoch zu schaden. Nur bei ungünstigen Wasserbedingungen kommt es zu einer krankhaften Vermehrung und damit zur erwähnten Knötchenbildung bei den Fischen.

Diese wenigen Beispiele zeigen schon, wie wichtig Putzerfische und Putzergarnelen im Riff sind.

Aber auch ihnen gelingt es nicht, sämtliche Krankheitserreger zu vernichten und alle Fischarten gesund zu erhalten.

Verschiedene Arten von Parasiten, wie Bakterien, Pilze, Einzeller, Kleinkrebse oder Würmer können Korallenfische belästigen. Besonders heimtückisch und gefährlich unter den Schmarotzern ist jedoch die Wasserassel. Sie erreicht schwimmend ihr Opfer und klammert sich fest an den Fischkörper. Mit ihrem bohrenden Mundwerkzeug gelangt sie an das Blutsystem. Der Lebenssaft wird langsam und stetig abgesaugt. Ein Vampir unter den Parasiten. Der Fisch hat keine Überlebenschance. Auch Putzerfische oder Putzergarnelen sind nicht in der Lage, die fest verankerte und gut gepanzerte Assel zu lösen.

Die Saubermacher im Riff

Während ich das emsige Treiben im Riff beobachte, spüre ich an meinen Beinen ein beharrliches Zupfen. Zwei kleine blaue, mit einem schwarzen Längsstreifen markierte Lippfische sind eifrigst bemüht, einzelne Härchen von meinen Waden zu entfernen, die von diesen Reinigungsakrobaten anscheinend für Parasiten gehalten werden. Ich befinde mich genau im Revier zweier Putzerfische, die meine Anwesenheit offenbar mißverstehen und in einen wahren Reinigungstaumel geraten. Behutsam entziehe ich mich dem Zugriff der beiden Sauberkeitsfanatiker, um, ein wenig im Abseits, die Putzerstation zu beobachten. Ihrer Arbeit beraubt, wippen die beiden Fische mit gespreizten Schwanzflossen auf und ab, so daß ihre plakative Färbung weithin sichtbar ist. Auf diese Weise signalisieren sie ihre Putzbereitschaft, denn schon nähert sich eine Süßlippe als Kunde. Sie postiert sich schräg im Wasser, öffnet ein wenig das Maul und spreizt gleichzeitig die Kiemen leicht ab. Eine Aufforderung, die sofort verstanden wird. Am Schwanzende beginnend, zupfen die beiden Putzerfische scheinbar wahllos hier und dort, entfernen dabei jedoch Pilze, Algen, krebsartige Parasiten der Haut, ja sogar des Rachens und der Kiemen. Zu meinem großen Erstaunen haben sich in dem „Reinigungssalon" inzwischen mehrere, sogar sonst verfeindete Fische eingefunden. In friedlichem Nebeneinander warten sie geduldig, bis die Reihe an sie kommt. Offensichtlich handelt es sich hier um eine neutrale Zone, in der die territorialen Ansprüche einzelner Riffische aufgehoben sind. Die Süßlippe, inzwischen von Kopf bis Schwanz gereinigt, schwimmt davon. Ihr Platz wird sofort von einem kleinen Barsch eingenommen, der ebenfalls zum Putzen auffordert. Beobachtungen sagen aus, daß in einer Stunde bis zu 50 Riffbewohner von einem einzigen Putzerfisch behandelt werden können. Hier liegt eine echte Symbiose vor; denn während die einen sich auf diese Weise ernähren, werden die anderen von lästigen Parasiten befreit. Putzerfische sind von größter Bedeutung für die Hygiene der Riffbewohner. Entfernt man sie aus einem Areal, so hat dies zur Folge, daß die meisten Fische innerhalb von zwei Wochen dieses Gebiet verlassen, um einen anderen Standort aufzusuchen. Die verbliebenen Fische erkranken in solch einem Ausmaß, daß sie keine Überlebenschance mehr haben. Ein Beweis, wie sinnvoll die Lebensweise der Arten aufeinander abgestimmt ist.

Putzerfische sind in allen Meeren wichtig, um die vielen Fischarten von Parasiten zu befreien und sie damit gesund zu erhalten. In der Karibik beheimatet ist die nur 5 Zentimeter lange Grundel, hier damit beschäftigt, einen großen Zackenbarsch zu reinigen (links außen). Daneben sehen wir, wie ein Kaiserfisch seine Kiemendeckel von vorhandenen Quälgeistern säubern läßt.
Im indopazifischen Gewässer sind die häufigsten Putzer schwarzblau gestreifte Lippfische, die durch Standorttreue eine regelrechte Putzstation markieren, die von „Kunden" angeschwommen werden kann. Hier wird gerade eine Süßlippe von Parasiten befreit (rechts).

Klein – aber mutig

Ein kleiner Juwelenbarsch fesselt meine Aufmerksamkeit. Doch kaum schwimme ich näher, verschwindet er blitzartig in einem unscheinbaren schwarzen Loch. Von Neugier gepackt versuche ich, seinen Unterschlupf zu ergründen und leuchte mit der Lampe hinein. Es offenbart sich mir eine kleine Höhle, die über und über mit farbenprächtigen Schwämmen bewachsen ist. Dazwischen krabbeln Dutzende, etwa 2,5 Zentimeter lange Garnelen. Und mitten in dieser Höhle steht, ganz still und unbeweglich, mein verschwundener Juwelenbarsch. Ein einzigartiges Schauspiel beginnt nun vor meinen Augen. Einzelne Garnelen lösen sich von der Höhlenwand und schwimmen mit ihren kleinen Schwimmfüßen zielstrebig auf den sonst so gefürchteten Räuber zu. Wie winzige Flugobjekte landen sie auf dem Barsch und beginnen, seine Körperoberseite nach Eßbarem abzusuchen. Sie verspeisen Kleinkrebse, Einzeller, Algen und kleine Hautfetzen. Nachdem sie auf diese Weise die Haut systematisch gereinigt haben, nehmen sie Kurs auf sein Maul, das sich spontan öffnet.

Die wulstigen Lippen sehen aus wie eine Barriere vor gähnendem Abgrund, und ich wage meinen Augen nicht zu trauen: Flink und unerschrocken überwindet eine kleine Garnele auch diese Hürde und beginnt emsig, auch das Mundinnere des Raubfisches zu putzen. Einer lebenden Zahnbürste gleich betastet sie Zahn für Zahn, verschwindet im Rachen und tänzelt plötzlich unerwartet durch die weit geöffneten Kiemen wieder heraus. Das Spiel beginnt von neuem, und gespannt warte ich auf den Moment, wo sie wieder im Maul des Räubers verschwindet. Was würde geschehen, wenn ich den Barsch erschreckte? Kaum zu Ende gedacht, bewege ich meine Hand ruckartig nach oben. Und nun geht alles blitzschnell: In hohem Bogen spuckt der Barsch die kleine Garnele aus. Dabei überschlägt sie sich zweimal und versucht, auf schnellstem Wege die schützende Höhlenwand zu erreichen. Vom Barsch aber ist keine Spur mehr zu sehen.
Um ein schönes Erlebnis reicher, verlasse ich die Höhle der kleinen Krabbeltiere, voller Bewunderung für ihren Mut.

Bereitwillig öffnet der Barsch sein Maul, damit die Putzergarnele auch hier die Parasiten entfernen kann, von denen sie lebt (links).
Der große Fisch hält still, wenn die Garnele mit ihrem Tastsinn die Schmarotzer aufspürt und ihn davon befreit (rechts).

Tauchen bei Nacht

Der glühendrote Himmel kündigt den Sonnenuntergang an, und nach der kurzen tropischen Dämmerung bricht endlich das Dunkel der Nacht herein, schwach erleuchtet vom hellen Mond am klaren Sternenhimmel. Dies ist der Zeitpunkt, auf den wir voll Spannung und Ungeduld gewartet haben. Ein letztes Mal überprüfen wir unsere Tauchausrüstung, wiederholen vereinbarte Lichtzeichen und überlassen uns für Sekunden dem schwarzen Nichts, das uns beim Hinabgleiten ins Wasser umfängt. Doch schon geistert der helle Schein der Unterwasserlampen durch die Dunkelheit, erlaubt eine kurze Orientierung, und gemeinsam tauchen wir in die Tiefe, verfolgt von Hunderten planktonischer Lebewesen, die uns wie ein Mückenschwarm begleiten. Die Scheinwerfer tasten sich über die verschiedensten Korallenformationen und eröffnen uns eine Wunderwelt! Tausende von Blumentieren sind erwacht, strecken ihre leuchtenden Polypen weit hinaus in das planktonreiche Wasser und lassen ihre Tentakel spielen. Unzählige Seeigel, Seesterne und Seewalzen bevölkern das Riff. Zwischen den Korallenästen haben Fische ihr Nachtlager aufgeschlagen und lassen sich schlaftrunken von uns streicheln. Eine grüne Muräne schreckt auf und scheint uns mit weit aufgerissenem Maul zu drohen. Mehrere Papageifische schlafen in kleinen Ausbuchtungen oder im dichten Korallengeäst, jetzt anders gefärbt als am Tage. Haarsterne entfalten zu Hunderten ihre Fangarme, die sie, vom hellen Schein des Lichts getroffen, augenblicklich zusammenkringeln. Wird das Riff tagsüber von den Fischen beherrscht, so dominieren nachts die niederen Tiere, die mit ihren weichen, fließenden Farben dieser Traumwelt eine geheimnisvolle Schönheit verleihen. Das schwächer werdende Licht der Scheinwerfer zwingt uns zum Auftauchen und läßt die kurze Zeitspanne, die wir hier verweilen durften, zur kostbaren Erinnerung werden, fast unwirklich schön.

Die Nacht ist die aktive Zeit der niederen Tiere. Korallen erstrahlen in vollster Blütenpracht, indem sie ihre Polypen weit in das planktonreiche Wasser hinausstrecken. Tausende von Stachelhäutern verlassen ihre Verstecke und kriechen im Schutz der Dunkelheit über das Riff, auf der ständigen Suche nach Nahrung, während die meisten Fische zwischen den Korallenästen schutzsuchend und schlaftrunken auf den nächsten Tag warten. Einige, darunter auch die Papageifische, nehmen nachts eine andere Färbung an als am Tage, so daß sie nur sehr schwer zu erkennen sind (links).

Getrennt und doch vereint

Jungfische würden als Einzelgänger nur allzuleicht zur Beute anderer werden, deshalb leben sie im Schwarm zusammen. Um noch mehr Schutz und eine noch größere Sicherheit zu erreichen, schließen sich oft mehrere Schwärme zu einem großen Verband zusammen, der häufig aus Tausenden von Jungfischen besteht. Interessanterweise mischen sich die einzelnen Generationen jedoch niemals untereinander, was man leicht an den verschiedenen Größen feststellen kann. Bei dem Versuch, durch ruckartige Handbewegungen den Verband durcheinanderzuwirbeln, kann man beobachten, daß selbst in der größten Hektik die strikte Trennung der Generationen eingehalten wird. Oft sieht man solche Verbände vor den Eingängen zu Korallenhöhlen, die Köpfe zur Strömung gerichtet. Unentwegt schnappen sie nach Plankton, von dem sie sich ernähren. In einem solchen Schwarmverband gibt es keine Rangordnung. Er hat weder einen Leitfisch noch Außenseiter, alle sind absolut gleichwertig. Nur die Einfügung in das Ganze gewährleistet die Chance zum Überleben.

Junge Schwarmfische schließen sich oft zu großen Verbänden zusammen, die ihnen einen besseren Schutz gewähren. Die Generationen halten aber eine strikte Trennung ein (links).
Häufig sieht man Jungfische in Höhleneingängen oder zwischen Korallenästen, die ihnen als Deckung dienen (rechts).

Eine Landschaft aus Korallen

Sie stehen da wie Bäume mit weitverzweigten Ästen
oder wie Blumen mit den schönsten Blüten,
und doch sind es kleine Tiere, die Korallenpolypen,
welche diese Landschaft gestalten.
Ihre phantastischen Formen entstehen
durch verschiedene Arten des Wachstums,
den Lebensbedingungen angepaßt.
Ausgeschiedene Kalksubstanzen bilden ein Skelett,
in das sich die Korallen bei Gefahr zurückziehen.
Aber auch andere Tiere finden
hier einen idealen Lebensraum.
Stachelhäuter verstecken sich in den Spalten,
Krustentiere warten in den Höhlen auf die Nacht,
und wenn sich die Blumentiere
zu voller Schönheit entfalten,
scheint das ganze Riff in Blüte zu stehen.

Wie ein Baum streckt diese Rindenkoralle ihre Äste in die Höhe.

Märchenhafte Schönheit

Eine wahnsinnige Idee, die Taucherei als Hobby zu wählen!
Solche Gedanken schießen mir durch den Kopf, während ich schwer bepackt mit sperriger Fotoausrüstung und der Tauchflasche auf dem Rükken bei brütender Hitze das etwa 30 Meter breite Riffdach schnorchelnd überquere, um an den Ausgangspunkt meines geplanten Tauchganges zu kommen. Doch kaum habe ich die Riffkante erreicht und sehe hinab in das tiefe Blau des glasklaren Wassers, umfaßt mich wieder die Faszination des Tauchens – und die dazugehörende Schwerarbeit ist vergessen. Ich lasse mich hinabgleiten in diese seltsame andere Welt, bewundere prächtig gedeihende Korallenstrukturen, die mit einer unüberschaubaren Fülle kleiner bunter Korallenfische durchsetzt sind und verharre bei dunklen Höhlen und bizarren Riffvorsprüngen.
Bereits in 15 Metern Tiefe bin ich von einem wahren Irrgarten riesiger Gorgonienfächer umgeben. Eine atemberaubende Landschaft tut sich vor mir auf: In dem klaren Blau des vom Sonnenlicht durchfluteten Wassers ragen diese weit verzweigten Tierstöcke, die so gar nicht wie Tiere aussehen, als dunkle Schatten bis zu 4 Meter hoch gegen den Himmel unter Wasser.
Sie sind ein Tummelplatz für Hunderte kleiner Korallenbarsche. Man kann sich kaum vorstellen, daß es sich hier um das Bauwerk von dicht bevölkerten Tierkolonien handelt und nicht um pflanzliche Gebilde wie Bäume oder Sträucher!
Eine wahrer Fototaumel ergreift mich. Das Licht der aufflammenden Blitze meiner Kamera reißt den grünblauen Schleier auf, der über diesen Traumgespinsten liegt und läßt sie in den herrlichsten Farben aufleuchten: Rot, Orange, Blau, Weiß und Violett. In allen erdenklichen Schattierungen erglüht dieser Gorgonienwald. In seinen Windungen verbirgt sich eine Vielzahl von Lebewesen, die in dieser Korallenart vor Überraschungsangriffen eine sichere Zuflucht finden.

Wie von Geisterhand gemalt strecken sich die bis zu 4 Meter hohen Gorgonien mit ihren bizarren Formen gegen den Wasserhimmel (links).
Die Strukturen sind fein wie Filigran und leuchten in den herrlichsten Farben (rechts).

Appartementhaus Gorgonie

Wie ein Wald umfangen mich die Fächer der Gorgonien, jeder eine Welt für sich in dieser riesigen Tierkolonie, besiedelt mit Bewohnern unterschiedlichster Art. Hunderte von miteinander verwachsenen kleinen Ästen bilden ein kunstvolles Geflecht, das sich wie ein Netz senkrecht zur Strömung ausbreitet. Diese Stellung ist zwar für die Nahrungsaufnahme bestens geeignet, bietet aber auch vielen Larvenformen die Möglichkeit, sich hier einzunisten. Es handelt sich um die weniger beliebten Kellerbewohner unseres Appartementhauses Gorgonie!

Die äußerste Spitze, um im Bild zu bleiben: die Penthouse-Wohnung, wird von einem Haarstern benutzt, der sich zur Ruhe begeben hat, bis das nächtliche Aufsteigen des Planktons ihn zwingt, zur Nahrungsaufnahme aktiv zu werden.

Nicht weit darüber, auf einem terrassenförmig vorgelagerten Ast der Gorgonie, also im ersten Stock, hat es sich ein Korallenbarsch bequem gemacht, der sich mit seiner eigenartig weißrot marmorierten Zeichnung und dem pfeilartigen Maul kaum von dem Gewirr der Ästchen abhebt. Seine flinken, sich wachsam bewegenden Augen sind es, die mich auf ihn aufmerksam machen. Ständig suchen sie die Umgebung nach Nahrung ab. Haben sie etwas Freßbares entdeckt, schnellt der Barsch blitzartig nach vorn, um es zu schnappen, und kehrt genauso blitzartig zu seinem Standort zurück, wo er sofort wieder seinen Lauerposten bezieht. Über ihm lebt eine Muschel, fest verwachsen mit einem kleinen Ast. Sie ist leicht geöffnet und nutzt die Strömung zur Nahrungsaufnahme aus. Etwas weiter unten, in Richtung Erdgeschoß, haben sich einige Röhrenwürmer zwischen den bizarren Verästelungen der Gorgonie häuslich niedergelassen und sind zu einer beachtlichen Größe herangewachsen. Ihre Fächerkronen wiegen sich leise im Wasser, anscheinend in absoluter Sicherheit. Doch der Schein trügt, denn ein kleiner Schleimfisch, ein nur geduldeter, unliebsamer Eindringling, nutzt die Gelegenheit und beißt einem Röhrenwurm rasch entschlossen ein Stück aus der Tentakelkrone heraus. Man muß eben überall auf der Hut sein!

Nur schwer zu erkennen, da er farblich völlig in der Gorgonie aufgeht, hat sich ein Schlangenstern eingeschlichen. Er windet seine grazilen Arme durch die feinen Netze seiner Behausung, auf der Suche nach einem ideal getarnten Standort, der es ihm erlaubt, den Tag unentdeckt zu verbringen und nachts auf Planktonfang zu gehen.

Ein bösartiger Bewohner findet sich im Parterre, am Hauptstamm dieser Hornkoralle: Ein kleiner Krebs hat sich in die lebende Rinde gebohrt. Durch krankhaft vermehrtes Wachstum hat sie vergeblich versucht, sich von dem Eindringling zu befreien. Er aber hat die so entstandene Geschwulst geschickt ausgenutzt und sie zu seiner Behausung umfunktioniert. Es reizt mich, alle diese Besonderheiten mit der Kamera im Bild festzuhalten.

Unzählige Blitzlichtaufnahmen verursachen ein wahres Gewitter im Gorgonienwald. Jedes Aufleuchten offenbart mir neue Entdeckungen. Den Motiven sind keine Grenzen gesetzt, wohl aber mir. Die Atemluft geht zu Ende und mahnt zum Auftauchen. Schweren Herzens trenne ich mich vom Gorgonienwald, doch ich nehme mir vor, ihn wieder zu besuchen, dann aber in der Dämmerung!

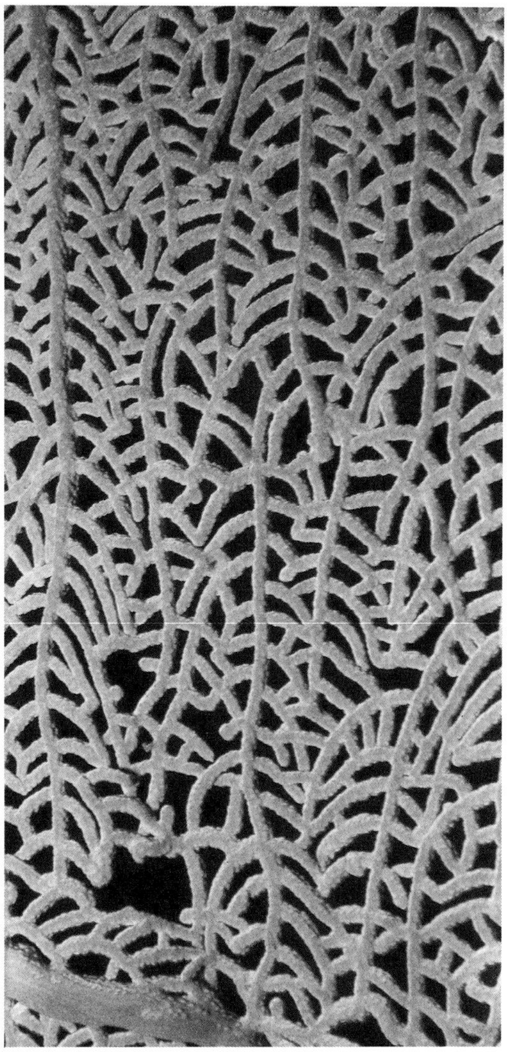

Wie ein kunstvolles Netz sind die Äste der Gorgonie gewachsen.

Senkrecht der Strömung ausgesetzt, bieten die Gorgonienfächer verschiedenen Tieren die Möglichkeit, sich einzunisten. Hier hat sich ein Haarstern fest verankert und nutzt ebenfalls die Strömung aus, die ihm ständig Nahrung zuführt.

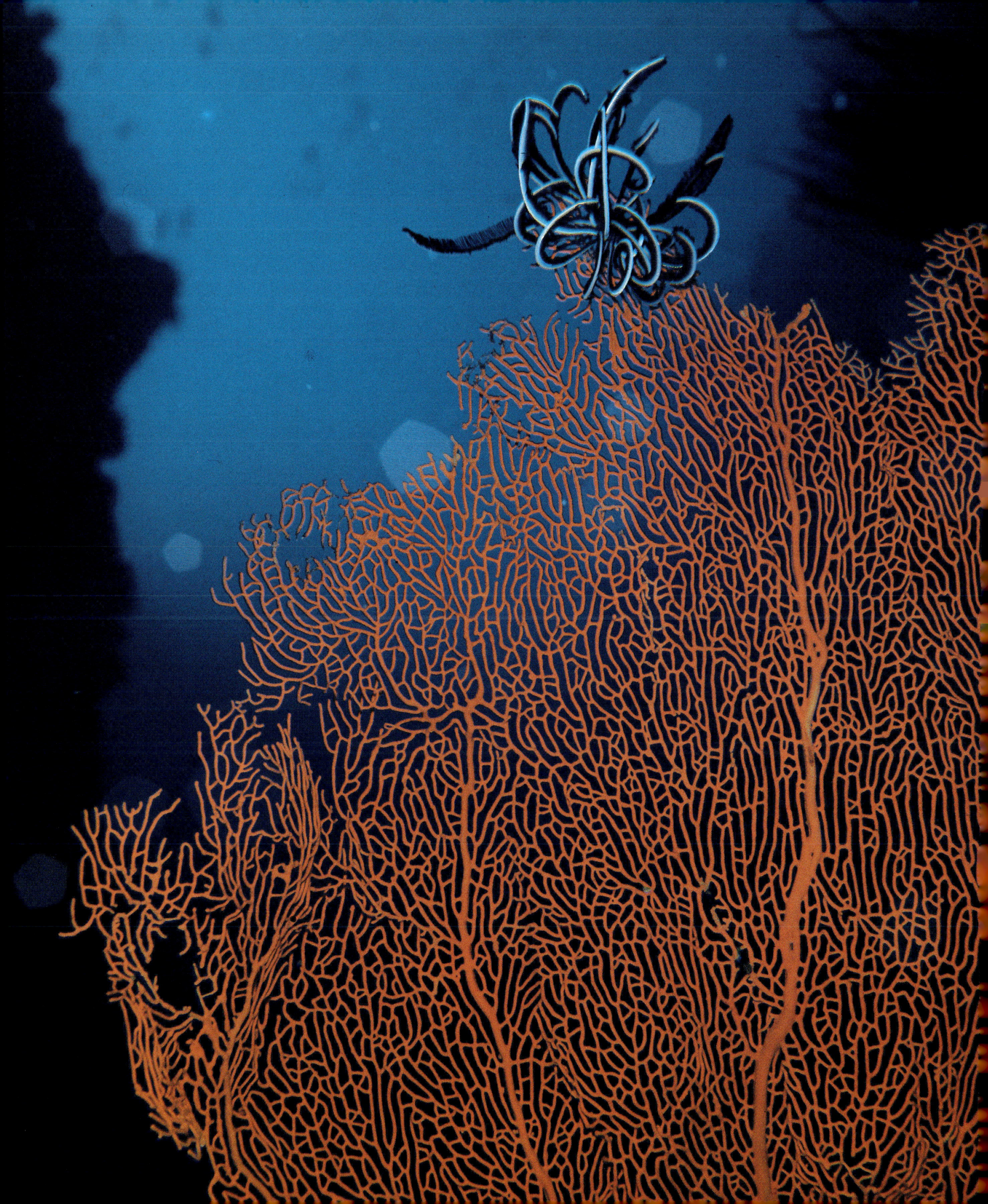

Beutefang bei Nacht

Die letzten Strahlen der Sonne brechen sich auf der Wasseroberfläche. Das sonst einladend blaue Wasser scheint jetzt dunkel und abweisend. Meine Ortskenntnis erlaubt mir jedoch ein gezieltes Abtauchen, und schon stehen die Gorgonien vor mir. Diesmal, mit Anbrechen der Nacht, sehen sie aus wie Fabelwesen von einem fremden Stern! Der Lichtkegel meiner Lampe irrt durch diese Traumwelt und bleibt an den fein verzweigten, tiefroten Fächern hängen, von denen jedes einzelne Ästchen von Hunderten kleiner weißer Polypen eingerahmt ist. Um sich vor Feinden zu schützen, verstecken sie sich tagsüber in der Rindenschicht, jetzt aber stehen sie zur Nahrungsaufnahme wie aufgepumpte Blütensternchen im Wasser. Statt der Blütenblätter jedoch säumen acht zierlich gefiederte Tentakel das Mundfeld eines Polypen und warten in passiver Stellung auf Nahrung. Bei Berührung mit einem Beutetier aber werden sie aktiv. In den Tentakeln befinden sich Nesselkapseln, die sofort in Funktion treten, um das Opfer zu überwältigen. Es sind ovale Blasen, die außer einer giftig ätzenden Flüssigkeit auch noch einen aufgerollten Faden enthalten, der wie ein Geschoß eingesetzt werden kann. Manchmal ist er mit dornigen Stiletten versehen, die den Panzer eines Beutetieres durchschlagen, um es dann mit dem Nesselgift zu lähmen. Oft wird auch der Faden um das Opfer gewickelt und hält es fest. Er kann auch mit einer klebrigen Flüssigkeit behaftet sein, an der das Beutetier hängenbleibt. Ist das Opfer besiegt, wird das tierische Plankton mit kleinen Wimpern zur Mundöffnung und in den Magen gestrudelt. Nach der Verdauung werden Nahrungsreste durch dieselbe Öffnung wieder ausgestoßen.
Da ich weiß, daß die Durchschlagskraft der Kapseln nicht ausreicht, um die menschliche Haut zu durchdringen, berühre ich einen Zweig dieser Kolonie, und sofort setzt die Reaktion ein: Die Polypen ziehen sich schutzsuchend in ihre selbstgebaute Behausung zurück, und es dauert Minuten, bis sie sich wieder vorsichtig entfalten.

Aus Furcht vor Freßfeinden ziehen sich die Polypen schon bei der geringsten Störung in ihre schützende Rinde zurück und entfalten sich erst wieder nach einigen Minuten (links).
Abends, wenn das Plankton aufsteigt, strecken die Blumentiere ihre aufgepumpten Tentakel weit ins Wasser, um Kleinstlebewesen zu erbeuten. Man sieht diesen schönen Sternchen nicht an, daß sie mit giftigen Kapseln ausgestattet sind (rechts).

Kunstwerke der Natur

Häufig sind es Rindenkorallen, die man in Souvenirläden als Reiseandenken, zu Schmuck verarbeitet oder als Dekorationsstücke für die Wohnung, angeboten bekommt. Sie zeichnen sich durch besonders unterschiedliche Wuchsformen aus, und ihr Farbenreichtum scheint unerschöpflich. So reizt es den fotografierenden Taucher immer wieder, diese geheimnisvollen Gebilde festzuhalten. Der künstlerischen Ausstrahlung eines solchen Fotos kann sich kaum jemand entziehen, und der Phantasie sind keine Grenzen gesetzt, diese reizvollen Strukturen auf individuelle Weise zu deuten. Es gibt zarte Verästelungen, die filigranartige Netze bilden. Manche Arten haben einen Hauptstamm mit großen und kleinen Seitenästen, und man glaubt in der Tat, einen Unterwasserbaum vor sich zu haben.
Ganz anders dagegen sieht die Peitschenkoralle aus. Sie besticht durch ihre klaren Linien, die in dem Gewirr der Korallenzweige besonders auffallen. Es handelt sich um eine Rindenkoralle, die stielartig unverzweigt weit ins Wasser hineinragt und ihren Namen dem peitschenartigen Aussehen verdankt. Jeder, der diese Unterwasserwelt durchstreift, muß Staunen empfinden, wenn er so formvollendete Kunstwerke sieht, geschaffen von der Natur.
So mancher Bildhauer könnte sich hier inspirieren lassen. Die Phantasie des Menschen scheint unerschöpflich zu sein, doch die Natur mit ihrem Einfallsreichtum überrascht immer wieder von neuem.

Unzählige Wuchsformen findet man auf den Korallenbänken. Die Seepeitsche fällt zwischen den vielen Verästelungen anderer Arten besonders durch ihre glatte Form auf und sieht aus wie von Menschenhand geformt. Aber auch sie besteht aus vielen kleinen Einzeltieren und gehört zur Familie der Rindenkorallen.

Zaubergärten aus Stein

Unendlich viele tropische Tauchgänge in größere Tiefen haben mich immer wieder fasziniert, aber die Schönheit und Vielfalt des relativ flachen Riffdaches überrascht und beeindruckt mich jedes Mal aufs neue. Vor allem die Korallen verwandeln diese Wasserwelt. Es ist, als schwebe man durch einen Märchenwald mit zart verästelten Bäumen und Sträuchern, in dem auch Riesenpilze wachsen, oder durch lebende Gärten mit den prächtigsten Blumen in leuchtendbunten Farben, deren Anblick die Menschen verzaubert. Auch über ein Metropolis scheint man zu fliegen, das mit seinen Domkuppeln und Minaretten vor Jahrtausenden versunken ist. Unvorstellbar, wie viele verschiedenartige Formen es bei Korallen gibt. Sie entstehen durch die unterschiedlichen Lebensbedingungen. Im Stillwasser bilden sich fein verzweigte Arten, während in den Brandungszonen massivere dominieren, die wie niedrige Höcker und Krusten aussehen. Nur so können sie der Kraft der Gezeiten mit ihren ständig wechselnden Strömungen widerstehen. Aber nicht nur die Formen sind vielfältig, auch die Strukturen der Korallen haben ein unterschiedliches Aussehen. Es ist abhängig von der Art des Wachstums der Polypen. Stehen diese voneinander getrennt und wachsen einzeln, besitzt jeder auch einen eigenen Kelch. Liegen sie aber so dicht nebeneinander, daß ihre Wandungen teilweise verschmelzen, so können für mehrere Polypen gemeinsame Scheidewände gebildet werden.

Wenn aber die Kelche von Einzelpolypen reihenweise miteinander verschmolzen sind, dann bilden sich stark gewundene Tentakel-Mundstraßen. Die dazwischenliegende Skelettsubstanz sieht aus wie die Windungen eines Gehirns, deshalb nennt man diese Art auch „Hirnkoralle". Die einzelnen Kolonien unterscheiden sich auch durch verschiedene Größen. Die halbkugeligen Hirnkorallen können einen Durchmesser von 2 Metern erreichen. Da sie in einem Jahr etwa 1 cm wachsen, übertreffen sie das Lebensalter eines Menschen bei weitem. Noch größer werden die tischförmig aufgebauten Steinkorallen mit oft mehr als 3 Metern Durchmesser. Die schnell wachsende Baumkoralle kann es in etwa zehn Jahren auf eine Höhe von 7 Metern bringen. Eines ist jedoch bei allen Arten gleich. Wenn sie ihre Maximalhöhe erreicht haben, sterben sie ab, um neuen Korallenkolonien eine Wachstumsgrundlage zu bieten. So entstehen immer wieder neue Formen.

Wie eine künstlerische Grafik sehen die Windungen aus, durch welche diese Art den Namen Hirnkoralle erhielt. Die Formen entstehen durch unterschiedliche Knospung der Polypen. Wachsen die Tiere einzeln, sehen die Gebilde sternchenförmig aus, leben sie in Gruppen, erscheint ihr Skelett Kratern ähnlich, ordnen sie sich aber reihenartig aneinander, bilden sie, einem Irrgarten gleich, diese stark gewundenen Straßen (rechts).

Baumeister des Korallenriffs

Erst in der Nacht entfalten Polypen ihre volle Blütenpracht, mit der sie ihre Beutetierchen anlocken. Wie Blütenblätter stehen dann die leuchtendbunten Tentakel rings um die Mundöffnung und verwandeln das Riff in einen Zaubergarten. Am Tage dagegen leben die Polypen, unauffällig zurückgezogen, in ihrem Korallenstock. Man erkennt sie an ihrer spezifischen Färbung, und wenn man mit der Hand ihre Oberfläche berührt, fühlt man den typischen Schleim, den sie absondern. Eine Korallenkolonie wächst nach der ihr eigenen Gesetzmäßigkeit. Die Einzeltiere, aus denen sie besteht, können sich sowohl ungeschlechtlich als auch geschlechtlich vermehren. Entweder bilden sich durch Zweiteilung Knospen, die sich zu Tierchen weiterentwickeln, oder aber es findet eine Besamung statt. Das geschieht, wenn männliche Samenzellen, die frei ins Wasser abgegeben werden, die ebenso frei schwimmenden weiblichen Eizellen befruchten. So entsteht zunächst ein kugeliger Zellhaufen. Dann wird die Form oval, und die Zellen wandern an die Randschichten. Dadurch wird ein Hohlraum gebildet, der die Funktion des Magen-Darm-Systems übernimmt. Gleichzeitig haben sich durch Verdoppelung eine äußere und eine innere Zellschicht aufgebaut, und der Hohlraum mündet mit einer Öffnung nach außen. Jetzt wachsen an der äußeren Zellschicht Wimpern, die es dem Tierchen schon in dieser Phase ermöglichen, frei im Wasser zu schwimmen und sich an geeignetem Ort festzusetzen. Als Abschluß der Entwicklung bekommt der Polyp nun rings um die Öffnung, die man auch Urmund nennt, bewimperte Fühlerarme oder Tentakel. Sie ermöglichen es dem unscheinbaren Tierchen, sich nachts in eine Wunderblume zu verwandeln. Der fertige Polyp sitzt mit seiner sogenannten Fußscheibe auf dem Korallenstock fest. Wenn nachts nun die voll entfalteten Tentakel ihr Spiel in der Wasserströmung beginnen, wird der Mundöffnung die Nahrung zugeführt. Die Absonderungen bestehen vorwiegend aus kohlensaurem Kalk und bilden die Baugrundlage aller Korallenriffe. Sie werden an der Unterseite der Fußscheibe ausgeschieden. Auf der so entstandenen Platte bauen sich sechs senkrecht stehende Grate auf. Sie vervielfachen sich in zwei Wachstumszyklen auf vierundzwanzig und werden durch einen Ringwall umschlossen. Auf diese Weise schafft sich der Polyp ein schützendes Außenskelett, in das er sich bei Gefahr schnell zurückziehen kann. Grate und Ringwall wachsen nun säulenförmig weiter nach oben, bis eine bestimmte Höhe erreicht ist. Dann bildet sich wieder eine neue Kalkscheibe, der untere Polypenteil stirbt ab, und der obere wächst weiter. Während immer neue Etagen aufgestockt werden, entstehen gleichzeitig durch Vermehrung der Polypen die eigentlichen Tierkolonien, welche den lebendigen Inhalt der mächtigen Korallenmassive darstellen. Die Form eines Korallenstocks wird geprägt durch die beiden unterschiedlichen Arten der Knospung. Erfolgt sie innerhalb des Tentakelkranzes, so wachsen massive, rundliche Korallenblöcke. Entstehen die Knospen außerhalb, so ist das Wachstum zart, und die Gebilde sehen aus wie kleine Bäume oder Geweihe. Besonders schön sind die Seeanemonen.

Ganz unscheinbar sehen die Polypen aus, wenn sie sich tagsüber in ihr schützendes Korallenskelett zurückgezogen haben (links).
Erst in der Dämmerung entfalten sie sich zu voller Schönheit (Mitte).
Wie Blütenblätter einer Anemone stehen die Tentakel nachts, wenn sie auf Nahrung warten. Man sieht in der Mitte deutlich die Mundöffnung (rechts).

Mensch und Koralle

Ob Stein-, Weich- oder Rindenkorallen, für den Menschen sind sie seit Jahrtausenden von Bedeutung. So wurde die Steinkoralle schon von einigen Urvölkern als Zahlungsmittel benutzt, andere glaubten an eine besondere Heilkraft wegen ihrer Farbe, die wie Blut aussah. Man zerrieb sie zu Pulver und nahm sie als Medizin ein.
Weichkorallen verwendete man schon vor 500 Jahren wegen ihres hohen Jodgehalts als Arznei gegen Kropfbildung bei Schilddrüsenerkrankungen. Sie wurden geröstet, zerrieben und der Nahrung beigemischt.
Auf die Dinge angewiesen, welche die Natur für sie bereithält, bauten die Bewohner vieler Südsee-Atolle ihre Häuser mit Kalkskeletten der Steinkorallen. So hatten sie stabile Unterkünfte, die jedem Wetter gewachsen waren.
Die „Meerhand", eine Lederkoralle, die man auch „Seemanns-Hand" oder „Toten-Manns-Hand" nennt, kommt in allen Meeren der Welt vor. In Europa, wo sie beim Fang von Grundfischen in großen Mengen anfällt, wird sie zu Düngemitteln verarbeitet.
Als Königin unter den Korallen kann man wohl die im Mittelmeer vorkommende Edelkoralle bezeichnen, die schon vor 2000 Jahren die Menschen in ihren Bann zog. Ihr Skelett, das kein horniges Gorgonin enthält, sondern nur aus Kalknadeln besteht, ist besonders hart und läßt sich daher außerordentlich gut bearbeiten. Mit ihrer lebhaften Färbung von Zartrosa bis Leuchtendrot eignet sie sich besonders für die Herstellung von Schmuckstücken. Früher glaubte man sogar an eine starke Zauberwirkung der Edelkoralle. Als Amulett oder Talisman sollte sie Geister vertreiben und Schutz vor dem bösen Blick bieten. Man glaubte so fest an diese Wirksamkeit, daß man mit Korallen allerlei Kriegsgerät verzierte. Das macht auch verständlich, daß bereits die alten Römer einen schwunghaften Korallenhandel trieben, in der Hauptsache mit den Ländern Vorderasiens.
Auch heute noch ist Korallenschmuck sehr beliebt, was leider zu einem wahren Raubbau geführt hat. Zum Glück ist es heutzutage nur noch Gerätetauchern erlaubt, Korallenfischerei zu betreiben, vielleicht kann man auf diese Weise verhindern, daß sie gänzlich ausgerottet werden. Preßlufttaucher können nämlich nur bis zu einer Tiefe von 100 Metern vordringen, Korallen wachsen aber bis zu Tiefen von 300 Metern. Doch durch die Souvenirwünsche der vielen Touristen werden auch riesige Mengen lebender Stein- und Rindenkorallen aus dem Meer geholt, präpariert und verkauft. Das kann eine Verwüstung einst blühender Riffe zur Folge haben. Glücklicherweise wurde diese Gefahr schon von vielen Staaten erkannt und große Gebiete von Unterwasserlandschaften zu Naturschutzzonen erklärt.

Phantasievolle Namen gab man dieser Weichkoralle, die in fast allen Meeren der Welt vorkommt. Wegen ihrer eigenartigen Form nennt man sie „Meerhand", „Seemanns-Hand" oder auch „Toten-Manns-Hand". Da sie einen hohen Jodgehalt hat, fand sie schon vor 500 Jahren Verwendung als Medizin gegen Kropfbildung. Man zerrieb und röstete sie, um das Pulver dann der Nahrung beizumischen.

Wunderblume in Meerestiefen

Überall habe ich sie angetroffen, diese häufigste aller Weich- oder Lederkorallen mit den vielen Namen. Diese Meerhand, wie sie auch genannt wird, gibt es in der Nordsee und vor der Küste Norwegens ebenso wie hoch im Pazifischen Ozean entlang der kanadischen Küste. Ich sah sie aber auch in tropischen Gewässern, wo sie besonders in Asien durch ihre intensive Färbung von Gelborange, Purpur oder Lila auffällt.
Da diese Korallenart weniger Licht und Sauerstoff benötigt als die Steinkoralle, wächst sie oft an schattigen, dunklen Plätzen wie Höhlen oder tieferen Zonen des Riffs. Auf festem Untergrund angewachsen, bildet sich eine fleischige Kolonie, bei der sich die Kalknadeln nur in der mittleren Gallertmasse der Tiere befinden. Tagsüber sehen sie unscheinbar, ja beinahe häßlich aus, unförmigen Klumpen ähnlich. Nachts aber pumpen sie sich mit Wasser voll und verwandeln sich in pralle, fingerartige Formen mit schimmernder Haut wie Opal. Ihre volle Pracht entfalten sie jedoch erst, wenn sie wie kleine Blütensterne ihre Polypen mit den feingefiederten Tentakeln ausbreiten. Wie eine Wunderblume steht nun die Meerhand da und läßt fast vergessen, daß es sich um einen Tierstock handelt, der nun darangeht, kleine Schwebewesen als Nahrung aufzunehmen. Die geringste Störung veranlaßt die Tierchen jedoch schon, wieder zu einer unförmigen, klumpenähnlichen Masse zusammenzufallen. Die Verwandlung der Lederkoralle von üppiger Schönheit zu unscheinbarster Häßlichkeit und umgekehrt, mutet an wie das Spiel mit einem Zauberstab.

Weichkorallen besitzen kein festes Skelett wie viele andere Arten. Tagsüber sehen sie fast unscheinbar aus (links). Aber nachts pumpen sie sich durch ihre Ventilpolypen mit Wasser voll und stehen dann wie exotische Blumen im Riff (rechts).

Ein Pilzteppich im Riff

In einem der schönsten Tauchparadiese der Welt, dem Roten Meer, nicht weit entfernt von der Küste Sudans, habe ich sie erstmals in so großer Anzahl gesehen. Auf einem Riffplateau in nur 15 Meter Tiefe besiedeln pilzähnliche Lederkorallen dicht an dicht eine Fläche, etwa so groß wie ein halbes Fußballfeld. Gleich zu Beginn des Tauchgangs nehme ich diesen Korallenteppich näher in Augenschein. Mit einem dikken Stiel fest am Untergrund verankert, breiten sich Korallen zu Tausenden wie Pilze vor mir aus. Ihr lederartiger Hut ist in viele Falten schrumpelig zusammengezogen, die Oberfläche glänzt wie ein polierter Apfel gelb, braun oder oliv gefärbt. Im Grunde genommen sind es unförmige, nicht schön aussehende Korallen. Dazwischen haben in drangvoller Enge viele schutzsuchende Stachelhäuter Unterschlupf gefunden. Ich erkenne Seesterne, Seegurken und verschiedene Arten von Seeigeln. Aber auch flinken Schwärmen von Jungfischen mehrerer Generationen dient dieser Pilzwald als Versteck, wenn sich Feinde nähern. Eine Netzmuräne windet sich langsam und zielbewußt zwischen den Korallenstielen hindurch und verschwindet schließlich in einer der schmalen Spalten. Ich kann der Versuchung nicht widerstehen und ergreife eine dieser Lederkorallen, aber es ist unmöglich, sie vom Untergrund zu lösen, ohne sie zu verletzen. Als ich nach sechs Stunden den zweiten Tauchgang an der gleichen Stelle beginne, zeigt dieser einzigartige Unterwasserteppich zu meiner Überraschung ein völlig anderes Gesicht: Statt der schrumpelig faltigen Gebilde stehen jetzt prall gefüllte Pilze mit fleischigen Stielen und großflächigen Hüten vor mir, strotzend vor Stacheln und bedeutend umfangreicher geworden. Die Stacheln sind lange, 8tentakelige Nährpolypen und sitzen ausschließlich auf der Hutoberseite. Sie dienen zur Nahrungsaufnahme. Darüber hinaus haben Lederkorallen aber auch noch tentakellose Schlauchpolypen, die mit ihrer gut ausgebildeten Wimperrinne das Röhrensystem der ganzen Tierkolonie mit Wasser durchspülen. Sie sichern die Sauerstoffversorgung und bewirken außerdem das An- und Abschwellen dieser Korallenart. Auf diese Weise können sie sich auf ein Mehrfaches ihrer Größe ausdehnen oder schrumpelig und klein werden. Erneut reizt es mich, eine dieser Lederkorallen vom Untergrund zu lösen, doch kaum spürt sie meine Berührung, verschwinden die prall entfalteten Nährpolypen blitzschnell. Zuerst ziehen sie ihre Tentakel zurück, und dann stülpen sie den Rest ihres Körpers wie einen Handschuhfinger nach innen. Durch den nachlassenden Innendruck wird der Pilz kleiner und kleiner, und übrigbleibt das schrumpelige Gebilde, das ich bei meinem ersten Tauchgang entdeckt hatte. Resigniert, und doch voller Bewunderung, ziehe ich mich zurück.

Lederkorallen können durch Wasser an- und abschwellen und verändern dadurch völlig ihr Aussehen. Links eine schlaffe, schrumpelig wirkende, daneben eine pralle Koralle.
Wie Pilze sehen diese vollgepumpten Lederkorallen aus, wenn sie ihr Volumen um ein Mehrfaches vergrößert haben (rechts).

Einfach und doch perfekt

Schwämme gehören zum Tierreich, und es gibt sie in nahezu 5000 Arten. Bekannt ist meistens nur der Badeschwamm, den man auch schon in der Bronzezeit zur Reinigung und Körperpflege benutzte. Schwammtiere sitzen zeitlebens am Untergrund fest und können in Form und Farbe sehr unterschiedlich sein. Ihr Organismus ist ungewöhnlich einfach. Der Körper besteht aus einer äußeren und einer inneren Schicht und sieht aus wie ein nach unten geschlossener Schlauch mit seitlichen Zuflüssen. Er besitzt einen Zentralraum und eine obere Öffnung. Zwischen seinen beiden Schichten liegt eine gallertartige Masse, die neben verschiedenen Zellen auch Nadeln und Fasern enthält, die den Schwämmen als Stützsubstanz dienen. Die Aufnahme von Sauerstoff und Nahrung ist einfach, aber perfekt gelöst. Durch Millionen von Poren der Schwammoberfläche wird mit Geißelzellen Wasser durch die Körperwand gespült, im Zentralraum gesammelt und aus einer großen Öffnung wieder hinausgedrückt, nachdem die Nahrungssubstanzen herausgefiltert worden sind. Auf diese Art und Weise kann ein Schwamm von 25 Zentimetern Durchmesser in einer Minute bis zu zwei Liter Wasser filtern. Viele Mittelmeertaucher reizt es, sich ihren Badeschwamm selbst zu ertauchen. Dazu müssen sie allerdings den Meeresgrund sorgsam nach fest am Boden verankerten klumpigen Gebilden absuchen, die dunkel- bis schwarzbraun gefärbt sind. Man kann sie erkennen, wenn sich die Außenhaut gut mit den Fingern abkratzen läßt. Der Schwamm wird nun an der Basis abgeschnitten und einige Tage an der Luft liegengelassen. Dann befreit man ihn durch ständiges Kneten im Wasser von allen löslichen Teilen. Übrig bleibt ein aus Sponginfasern bestehendes Skelett. Wenn es an der Sonne oder mit chemischen Mitteln gebleicht wird, erhält man endlich den gewünschten, hellgelben Badeschwamm.

Schwämme gibt es mit den vielfältigsten Formen und Farben in mehr als 5000 Arten. Obwohl sie wie Pflanzen aussehen und sich nicht fortbewegen können, gehören sie doch zu den Tieren. Über Poren werden sie mit Wasser durchspült, aus dem besondere Zellen ihres Körpers dann die Nahrungssubstanzen herausfiltern.

Eine ideale Wohnsiedlung

Schwämme gehören zu den wenigen Tierarten, die nicht unentwegt um ihr Überleben kämpfen müssen, da die Zahl ihrer natürlichen Feinde sehr begrenzt ist.
Vorwiegend sind es Nacktkiemenschnecken, die sich von ihnen ernähren und einige Fischarten. Das Wiederherstellungsvermögen der Schwämme ist jedoch so groß, daß die durch Feinde verursachten Verletzungen in der Regel schnell wieder ausheilen.
Ihre vielfältigen Formen aber bieten verschiedenen Tiergruppen ideale Wohnmöglichkeiten. Auch die zerklüftete Oberfläche der Schwämme und die vielen Kammern in ihrem Körper werden von Schmarotzern gerne als Behausung genutzt, da sie ihnen ein sicheres Dasein ermöglichen. Zerpflückt man einen älteren Schwamm, wird man mit Erstaunen feststellen, daß eine unglaubliche Anzahl fremder Bewohner sich in den vielen verzweigten Kammern und Kanälen aufhält. So wurden in einem einzigen großen Schwamm schon über 16.000 Einzeltiere, vorwiegend Krebse und Würmer, gezählt, während andere Arten wie See- und Schlangensterne, Muscheln und Schnecken, gern die zerfurchte Außenhaut besiedeln. Größere Tiere, zum Beispiel Haarsterne, Gorgonienhäupter oder auch vereinzelt Fische, halten sich gern in den Trichtern der Großschwämme verborgen, wo sie gut versteckt die Nacht erwarten oder auf Beute lauern.
Ein in der Karibik lebender Schleimfisch legt sogar seine Eier in die Aushöhlung bestimmter Schwämme. Hier können sie sich, gut geschützt und ständig vom Wasserstrom umspült und mit Sauerstoff versorgt, ohne großes Risiko entwickeln. Einer besonderen Art von Zusammenleben begegnet man beim Gießkannenschwamm in den Gewässern Asiens. In seinem Mittelraum, zwischen Außen- und Innenraum geschützt, findet sich eine bestimmte Garnelenart, meist als Pärchen vereint und lebt hier ständig in freiwilliger Gefangenschaft. Als Sinnbild ehelicher Treue werden die Skelette dieser Schwämme von der einheimischen Bevölkerung unter der Bezeichnung „Venuskorb“ an junge Hochzeitspaare verschenkt.

Zu den wenigen Feinden der Schwämme gehören einige Arten von Nacktschnecken. Mit ihren Reibzungen raspeln sie deren Oberfläche als Nahrung ab und halten sich zeitlebens auf Schwammkolonien auf. Sie betrachten diese als Wirt und Nahrungsgrundlage zugleich. Doch in der Regel heilen Verletzungen bei Schwämmen schnell wieder aus.

Seelilien der Neuzeit

Wer stand nicht schon einmal vor der Auslage eines Mineraliengeschäfts und hat fasziniert die verschiedenen, fein herauspräparierten Versteinerungen bewundert. Besonders schön sehen die blumenähnlichen Gebilde aus mit ihrem langen Stiel und dem fein verzweigten Kelch, es sind Seelilien der Vorzeit!
Aber auch heute noch existieren diese urzeitlichen Tiere, denn um solche handelt es sich. Zeitlebens sitzen sie mit ihrem Stiel fest am Meeresboden verankert, ohne ihren Standort wechseln zu können. Die weiterentwickelten Formen, die Haar- oder Federsterne, können sich im Gegensatz dazu nach ihrer Jugendphase vom Boden lösen und frei im Wasser schwimmen oder kriechen. Beim Schwimmen schlagen sie die Arme kraftvoll und doch anmutig auf und nieder. Die zu Tausenden vorhandenen Fiederchen werden beim Aufwärtsschlag angelegt, beim Abwärtsschlag dagegen wie eine kleine Ruderfläche vom Arm abgespreizt. Beim Kriechen werden Arme nach vorn ausgestreckt und mit den Endfiederchen am Grund verankert. Die gegenüberliegenden Arme krümmen sich, haken sich aber ebenfalls am Meeresboden fest. Während der vordere Teil gebeugt wird, streckt sich der hintere und befördert so das Tier in die gewünschte Richtung. Auf diese Weise kann es den für die Nahrungsaufnahme günstigsten Standort aufsuchen.
Von Haarsternen gibt es etwa 550 verschiedene Arten. Es sind die mit am schönsten gefärbten Tiere der Ozeane überhaupt. Diese unglaubliche Vielfalt und Intensität der Farben machen sie immer wieder aufs neue zu einem reizvollen Motiv für den fotografierenden Taucher. In manchen planktonreichen tropischen Gewässern sind sie in überwältigender Vielzahl anzutreffen. Die Rifflandschaft scheint zu blühen, wenn die Haarsterne die Spitzen der Korallenzweige erklommen haben und sich ihr Federkleid voll ausgebreitet wie ein Schleier in der Strömung wiegt.

Völlig unscheinbar und leicht zu übersehen, wartet der Haarstern eingerollt auf die Nacht (oben).

Nicht wiederzuerkennen gleicht der nachts voll entfaltete Haarstern einer Blume aus bunten Federn (links).

Mit Beginn der Dunkelheit erklimmt der Haarstern oft die höchsten Riffpunkte, um den günstigsten Platz für ergiebigen Beutefang zu erreichen. Hier benutzt er eine Gorgonie als festen Halt. Wie einen Fächer hat er seine Fangarme zur Strömung ausgebreitet (rechts).

Perfekte Planktonfallen

Da sie lichtscheue Gesellen sind, findet man als Taucher tagsüber Haarsterne nur mit eingerollten Fangarmen in Nischen und Höhlen. Gerne verstecken sie sich auch unter Überhängen oder zwischen Korallenstökken. Aber schon in der Dämmerung kriechen sie hervor und klammern sich an Riffvorsprüngen oder frei ins Wasser ragenden Korallenstöcken fest. Hier breiten sie dann ihre bis zu 35 cm langen Fangarme aus, die in den herrlichsten Farben schimmern. Die vom Körper ausgehenden fünf Armansätze spalten sich auf und können durch Gabelung zehn oder auch bis zu zweihundert Arme bilden. Jedem dieser Armglieder entspringt eine große Anzahl kleinster Seitenzweige, die man auch Fiederchen nennt. Sie verleihen den Armen das federartige Aussehen. Unzählige Drüsenzellen in diesen feinen Verzweigungen produzieren einen klebrigen Schleim, an dem das im Wasser treibende Plankton haften bleibt. Mit kleinen, schlagenden Bewegungen wird dieses Gemisch aus Nahrung und Schleim in eine mit Härchen besetzte Vertiefung an der Unterseite der Arme geleitet, die man auch Wimperrinne nennt. Wie auf einem Fließband wird die Nahrung nun dem Munde zugeführt. Er ist mit fünf, zu Fühlern umgewandelten Fangarmen ausgestattet, die zunächst die Beschaffenheit der einzelnen Teilchen prüfen. Sind sie geeignet, werden sie aufgenommen und gelangen in den Darm. Dieser weist mehrere Blindsäcke auf, in denen die organischen Substanzen endgültig verdaut werden. Die dabei entstehenden Abfallprodukte gelangen über den Enddarm zum After, der am Rande der Körperscheibe nach außen mündet. Die frei beweglichen Haarsterne können ständig ihren Lebensraum wechseln, sind jedoch immer gezwungen, Areale aufzusuchen, die ein Mindestmaß an Wasserströmung aufweisen.

Immer suchen sie sich einen Standort, der möglichst viel Nahrung bietet. Ihre Fangarme stehen dann wie Fächer quer zur Strömung, damit eine reichliche Zufuhr von Plankton gewährleistet ist, das sich in den Fiederchen verfängt.

Wie raffiniert ausgelegte Miniaturleimruten angeln sich die Haarsterne auf diese Weise alles, was sie zum Leben benötigen.

Haarsterne meiden bewegungsloses Wasser und lieben eine mittelstarke Strömung, die ihnen reichlich Plankton und aufgewirbelte Kleinstlebewesen zuführt (links). Hier sind die Fangarme weit ausgebreitet. An den zahlreichen klebrigen Fiederchen bleibt die Nahrung leicht hängen (rechts).

Zerbrechliche Kletterkünstler

Kinder sind es meist, die auf der ersten Entdeckungsreise durch die aufregende Welt der Gezeitenzone zufällig einmal den Stein herumdrehen, unter dem er sich gerade räkelt, dieser stachelige Knopf mit mehreren, nicht minder stacheligen Armen. Wer einen dieser Arme unvermittelt aus einer Felsritze hervorschauen sieht, wird ihn fast immer für einen borstigen Wurm halten, der nun neugierig freigelegt wird. Wenn aber dieser kleine, sich windende Stachelgeselle zum Vorschein kommt, entlockt er dem Betrachter alles andere als einen Ausruf des Entzückens, denn sein Aussehen erweckt eher ein Gefühl des Abscheus. Doch auf Schönheit, wie wir sie verstehen, kommt es in der Natur nicht an. Wichtig ist nur, daß die Form hilft, bei der immerwährenden Nahrungssuche und im Kampf ums Überleben siegreich zu sein. Blitzschnell, mit unglaublicher Beweglichkeit, versucht dieser Schlangenstern, sich fortzuschlängeln. Dabei schleudert er ein oder zwei Paare sich gegenüberliegender Arme mit Schwung nach vorn, verankert sie am Untergrund und stemmt den leichten Körper mit einem Ruck vorwärts. Bevor es ihm jedoch gelingt, einen neuen Unterschlupf zu finden, ist er mit einem schnellen Griff schon gefangen. Doch welches Entsetzen zeichnet sich auf dem Gesicht des ahnungslosen Strandwanderers ab, wenn dieses Wesen plötzlich in mehrere, sich noch bewegende Stücke zerfällt, und nicht nur die Arme, sondern auch die Rückseite der Körperscheibe mitsamt den Eingeweiden abgestoßen werden. Der Betrachter weiß wahrscheinlich nicht, daß der Schlangenstern durch seine außergewöhnliche Regenerationskraft in der Lage ist, in wenigen Wochen seine ursprüngliche Form wiederzuerlangen. Hat man sie erst einmal bemerkt, kann man diese Tiere auch leicht bei der Nahrungssuche beobachten. Sie fressen die in der Gezeitenzone gut gedeihenden Grünalgen ab oder aber sie strecken ihre mit klebrigem Schleim bedeckten Arme wie Angelruten an die Wasseroberfläche. So fischen sie durch hin- und herschwingende Bewegungen die dort bei auflaufender Flut haftenden Nahrungsteilchen ab. Anders leben die ständig in Sand und Schlick wohnenden Schlangensterne. Sie graben sich bis zu 10 Zentimeter tief ein und strecken ihre Fangarme bis zu 3 Zentimeter weit über die Oberfläche des Bodens hinaus. Mit ihren Schleimfäden fangen sie vorbeifließendes Plankton ein oder sammeln mit ihren klebrigen Füßen organische Substanzen vom Meeresgrund ab.
Wieder andere Schlangensterne klettern gern auf Lebewesen wie Seeigel, Schwämme und Seescheiden oder auf Fächerkorallen und Korallenstöcke. So verbringen sie, gut vor Feinden verborgen, den Tag in Höhlen oder Verzweigungen ihrer Wirte. Erst in der Nacht kriechen sie dann über das Riff. Oft klammern sich die Schlangensterne auch mit zwei Armen an ihrem Standort fest und strecken die übrigen steif in die Strömung. Die Enden werden dabei rechtwinklig abgespreizt und halten wie ein Filterkamm die vorbeiströmenden kleinen Partikel fest, um sie als Nahrung aufzunehmen. So ist der Schlangenstern eine der unendlich vielen Erscheinungsformen der Natur, bestens ausgestattet für seinen Lebensraum.

Schlangensterne führen in der Regel ein unauffälliges Dasein. Sie verbergen sich unter Steinen, in Spalten und Höhlen oder leben auf Seeigeln, Schwämmen oder anderen Tieren. Dabei haben sie sich zu wahren Meistern der Tarnkunst entwickelt. Kaum auszumachen ist ein Schlangenstern, der so mit seinen Armen im Geäst der Koralle verschlungen ist, daß er wie ein Teil von ihr aussieht (rechts).

Zur besseren Orientierung ist der Schlangenstern hier mit weißen Linien kenntlich gemacht worden (links).

Der gnadenlose Räuber

Es ist Nacht. Der helle Lichtkegel unserer Unterwasserlampe schwenkt langsam suchend über den nur zwei Meter tiefen Meeresboden und verharrt schon nach kurzer Zeit, um den tastenden Weg eines Seesterns zu verfolgen. Langsam kriecht das farbenprächtige Wesen über den Boden. Versehen mit einem gut ausgerüsteten Spürsinn gelingt es ihm schon nach wenigen Minuten, eine im Sand eingegrabene Muschel zu ertasten und sich auf sie zu legen. Mit Hilfe seiner vielen Saugfüßchen befördert er die ihn von der Muschel trennende Sandbarriere vom Körperzentrum zu den Armspitzen. Der Rumpf sinkt tiefer und tiefer, während die Muschel, den unerbittlichen Feind plötzlich bemerkend, ihre Schalen erschrocken zusammenklappt. Ängstlich verharrt sie in ihrer Position, bis der Seestern sie ergreift und aus dem Boden herauszieht. Der Körper des Angreifers wölbt sich buckelartig auf, während er mit den Füßchen die Muschel so lange hin und her wendet, bis die fest aneinandergepreßten freien Schalenränder sich vor seinem Mund befinden.

Nun beginnt der eigentliche Akt des Angriffs. Tausende von Füßchen saugen sich an beiden Schalenseiten der Muschel fest, das Skelett des Seesterns versteift sich, und die Saugfüße beginnen, sich mit einer unglaublichen Kraft zusammenzuziehen. Ein fürchterlicher Kampf spielt sich ab. Die Muschel versucht verzweifelt, mit der ganzen Kraft ihres Schließmuskels, dem Zug ihres Feindes entgegenzuwirken. Minuten um Minuten vergehen, aber die Muschel muß atmen, will sie nicht den Erstickungstod riskieren. Ganz vorsichtig öffnet sich der Spalt zwischen den Schalenrändern für den Bruchteil eines Millimeters, und schon ist es um sie geschehen! Der Seestern zieht mit unerbittlicher Härte die Schalen unaufhaltsam weiter auseinander, während sich sein sackförmiger Magen über das Muschelfleisch stülpt und, Verdauungssekret absondernd, das Beutetier tötet, in kleine Bestandteile aufspaltet und schließlich verdaut.

Seesterne gibt es in kräftigen Farben, hauptsächlich in Rot, Orange und Gelb. In der Regel sind sie Räuber und überfallen Tiere wie Muscheln, Schnecken und Seeigel. Manche leben aber auch von Schwämmen, Kleinstlebewesen oder toten organischen Substanzen.

Ein rücksichtsloser Riffzerstörer

Erstmals sorgte sie im Jahre 1969 weltweit für Schlagzeilen. Die Dornenkrone, einer der farbenprächtigsten, bis zu 60 Zentimeter Durchmesser großen Seesterne, vermehrte sich explosionsartig und vernichtete in einem bisher nie gekannten Ausmaß kilometerlange Riffgebiete. Sie starben ab und fielen den Gezeiten mit ihrer Brandung sowie den Stürmen zum Opfer. Damit wurde der natürliche Schutzwall für viele Atolle, ja für ganze Küstenabschnitte zerstört. Vor der Insel Guam im Stillen Ozean war ein 38 Kilometer langes Riff total vernichtet. Sogar das Große Barriereriff vor der australischen Küste wurde zum Schauplatz der Vernichtung. Als echter Räuber unter den Seesternen gleitet die Dornenkrone mit ihren 9 bis 23 Armen über das Riff, stülpt ihren Magen über lebende Korallenpolypen, tötet und verzehrt sie mit ihren stark wirksamen Verdauungssäften. Schließlich bleibt nur noch das weiße Kalkskelett der Korallen übrig. Auf diese Weise wird in einem Monat etwa ein Quadratmeter Polypenfläche zerstört. Tausende von Dornenkronen zogen damals so über die Riffe und hinterließen ein Bild der Verwüstung. Dazu kommt, daß diese Seesterne durch mehrere Reihen spitzer Dornen und einen Giftschleim nahezu unangreifbar sind. Wenn sie ihn absondern, breitet er sich über die gesamte Oberfläche des Beutetieres aus. Verletzungen beim Menschen führen zu sehr starken Schmerzen und zum Anschwellen des umliegenden Gewebes. Auch Kreislaufbeschwerden können auftreten. Zu den wenigen Feinden, die der Dornenkrone gefährlich werden, gehört das Tritonshorn. Es stülpt sich über sein Opfer und verdaut es in kurzer Zeit. Die Harlekingarnele, ein etwa 3 Zentimeter langer Krebs, dreht den Seestern auf den Rücken, frißt sich durch den Panzer und ernährt sich von den Eingeweiden. Aber auch Drücker- und Kugelfische können als Feinde der Dornenkrone gelten. Neueste Erkenntnisse zeigen aber, daß kurzfristige Schwankungen in der Populationsdichte dieser Tiere unbedeutend sind, denn bei Massenvorkommen zerstören sie ihre eigene Lebensgrundlage und vernichten sich dadurch selbst. Die Zunahme bewirkt jedoch auch eine Vermehrung der Feinde, die dann ebenfalls ein Regulationsfaktor werden.

Dornenkronen gehören zu den Seesternen und können eine große Gefahr für das Korallenriff werden. Sie gleiten darüber hinweg, sowohl in der Jugend (rechts) als auch im ausgewachsenen Zustand (links) und fressen die lebenden Polypen radikal heraus, so daß nur das nackte Korallenskelett übrigbleibt.

Eine lebende Stachelfestung

Welcher Schnorchler oder Taucher hat nicht schon einmal am eigenen Leibe erfahren müssen, wie schwer es ist, die oft lückenlose Absperrkette von stacheligen Seeigeln zu überwinden, um eine Felsenklippe beim Schwimmen unverletzt zu erreichen. Zu Hunderten, ja zu Tausenden sitzen sie in den Spalten oder Aushöhlungen der Korallenriffe. Hier verbergen sie sich am Tage, um kein Opfer von Feinden zu werden.
Gerade Fische haben zum Teil erstaunliche Fähigkeiten entwickelt, um diese Stachelfestungen zu erobern.
Der Drückerfisch zum Beispiel knabbert zuerst mit seinem starken Gebiß die Stacheln des Seeigels an, zieht ihn an den Stümpfen aus seinem Versteck heraus und läßt ihn dann ins freie Wasser fallen. Dabei beißt er von unten in das Mundfeld des Opfers und verzehrt dessen Weichteile.
Die Lippfische haben eine ganz andere Technik. Sie klopfen mit kräftigen Kopfbewegungen die Schale der Seeigel an harten Korallen oder Felsen regelrecht auf, wie man eine Nuß knackt. Das macht verständlich, warum die Stacheltiere erst in der Nacht auf Nahrungssuche gehen. Mit ihren kürzeren Stacheln schieben sie sich wie auf Stelzen über den Untergrund und schaben mit den fünf meißelartigen, äußerst scharfen Zähnen den pflanzlichen und tierischen Bewuchs ab, denn sie sind Allesfresser. Ihr Kauwerkzeug ist so kräftig, daß einige Arten sich damit sogar Höhlen in Korallenkalk, Schiefer oder Granitfelsen raspeln, um dort geschützt den Tag zu verbringen.
Die Stacheln sind nicht nur eine gute Abwehr für den Seeigel selbst, sondern dienen auch anderen Lebewesen als Schutz und Zuflucht. So können sich Jungfische bei drohender Gefahr sofort zwischen die spitzen Nadeln zurückziehen. Auch Gruppen kleiner Barsche stehen oft in den starren Stacheln. Diese bieten ihnen Sicherheit vor Angreifern und sind gleichzeitig eine gute Tarnung. Aber auch Kleintiere wie Borstenwürmer, Garnelen und Schnecken finden eine sichere Unterkunft in der Stachelfestung. Das gilt natürlich nur, solange der Seeigel selbst nicht angegriffen wird. Nähert sich aber ein Freßfeind wie beispielsweise die Süßlippe, müssen die Kleintiere den Zufluchtsort wechseln, um sich zu retten.

Der Diadem-Seeigel hat im Vergleich zu anderen Arten besonders feine Stacheln, die bis zu 25 Zentimeter lang werden. Trotz dieser Abwehrwaffen hat auch er Feinde, deshalb findet seine Nahrungssuche nur bei Nacht statt (rechts).
Ein Fisch, der sich auf Seeigel spezialisiert hat, ist die Süßlippe, die hier gerade eines ihrer Opfer verzehrt, das sie mit ihrer raffinierten Technik erbeuten konnte (links, Mitte). Im Stachelpanzer suchen auch Fische und Kleintiere häufig Schutz (links außen).

Giftige Abwehr

Während eines meiner ersten Tauchgänge in tropischen Meeren entdeckte ich inmitten herrlichster Korallen einen Seeigel, den ich noch nie vorher gesehen hatte. Seine besonders schöne Färbung und Zeichnung fesselten mich. Deshalb wollte ich ihn für ein Foto ins rechte Licht rücken und streckte meine Hand aus, um ihn zu nehmen, da wurde ich energisch zurückgerissen. Als ich mich erbost umsah, blickte ich in die blitzenden Augen meines Tauchpartners, der sich gut in diesem Gebiet auskannte. Wild gestikulierend gab er mir zu verstehen, daß ich gerade diesen Seeigel unter gar keinen Umständen berühren sollte. Später erfuhr ich den Grund für seine Aufregung. Der mir aufgefallene Seeigel gehörte zu einer der giftigsten Arten in den tropischen Meeren. Gerade die kurzstacheligen sind außerordentlich gefährlich. Da die Stacheln allein ihnen keinen ausreichenden Schutz bieten würden, sind sie mit Abwehrwaffen ausgestattet, die nahezu jeden Feind zurückschrekken lassen. Eine dieser Arten, der Asthenosoma-Seeigel, hat kurz unterhalb seiner Stachelenden kugelrunde Drüsen, die mit Gift gefüllt sind. Sie sehen hübsch wie Perlen aus, bedeuten aber große Gefahr. Selbst die gefräßigsten Feinde wagen sich nicht heran. Bei geringstem Kontakt nämlich wird das Gift wie mit einer Injektionsnadel unter die Haut des Angreifers gespritzt.
Eine andere Art der tropischen Seeigel ist der Toxopneustes. Er besitzt zwischen seinen Stacheln kleine Giftzangen, mit denen er sich in der Haut seines Angreifers fest verbeißt und ihn unschädlich macht. Die Zangen öffnen sich erst wieder, wenn das Opfer sich nicht mehr bewegt, es sei denn, sie werden bei der Flucht abgerissen und bleiben im Körper stecken. Besonders gut läßt sich die Wirksamkeit dieser Abwehr beobachten, wenn der Seeigel von einem Seestern angegriffen wird, der ein großer Räuber ist. Nähert er sich, richten sich die Stacheln zuerst instinktiv gegen ihn, gehen jedoch gleich darauf auseinander, um den Beißzangen Platz zu machen. Sie greifen fest in das Fleisch des Seesterns und geben das Gift hinein.
Werden Menschen von diesen Seeigelarten verletzt, entsteht zuerst ein sehr heftig ausstrahlender Schmerz. Später kann es zu lebensbedrohenden Erscheinungen wie Kreislaufkollaps und Atemnot kommen. Sogar Todesfälle soll es schon gegeben haben. Ein Grund für uns Taucher, in den Tropen ganz besonders auf Seeigel zu achten. Vor allem sollte man die Hände davonlassen, auch wenn die bunte Schönheit noch so verlockend ist.

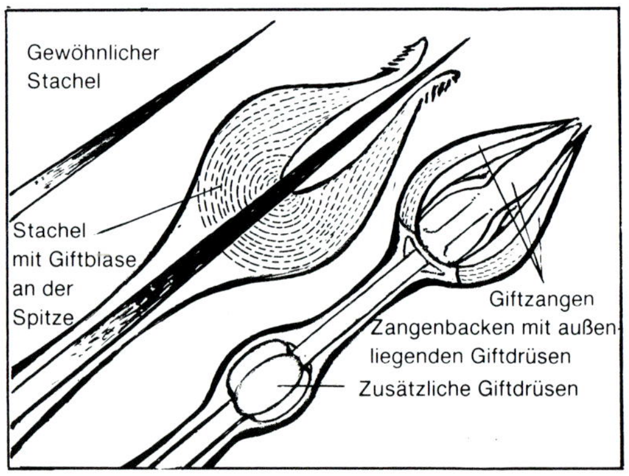

Bei den tropischen Seeigeln genügen die normalen Stacheln allein nicht zur Abwehr, deshalb verfügen sie noch über andere Waffen. Die eine Art besitzt an jeder Stachelspitze eine runde Giftdrüse, die andere giftige kleine Beißzangen. Ihr wunderschönes Aussehen verrät nicht, wie gefährlich sie sind, vor allem auch für Taucher.

Kuriose Selbstverteidigung

Jeder Mittelmeerurlauber, der gern schnorchelt, um sich an dem vielfältigen bunten Leben und Treiben unter Wasser zu erfreuen, sieht schon in Küstennähe auf dem Grund ein merkwürdiges Wesen. Es sieht aus wie eine etwa 30 Zentimeter lange, mit Warzen bedeckte schwarzbraune Wurst. Stundenlang verharrt sie, ohne sich auch nur einen Millimeter vom Fleck zu rühren, an der gleichen Stelle. Bei Anbruch der Dunkelheit aber wird sie lebendig und kriecht über den Meeresboden. Dabei schaufelt sie mit ihren Tentakeln am Kopfende wie ein Regenwurm Sand und Schlamm in sich hinein. Alles organische Material, insbesondere Kieselalgen, werden herausfiltriert und verdaut. Sie kann auf diese Art und Weise jedes Jahr bis zu einem Zentner Sand durch ihren Körper pressen.

Es gibt auch Arten von Seewalzen, die mit klebrigen Fangarmen die Nährsubstanzen wie ein Staubsauger vom Meeresboden sammeln. Taucht man hinunter, um dieses gurkenähnliche Gebilde aufzuheben, so ist man erstaunt über die unerwartet dicke Lederhaut. Doch dann packt einen Entsetzen, wenn plötzlich eine unförmige, klebrige Masse aus dem Hinterende der Seewalze herausquillt und abgestoßen wird! Was ist passiert?

Des Rätsels Lösung: Sie hatte sich angegriffen gefühlt und zu ihrer Selbstverteidigung ihre Eingeweide ausgestoßen und so den Freßfeinden geopfert. Damit hat sie ihr Leben gerettet und kann abwarten, bis alle Innereien im Laufe von sechs Wochen wieder nachwachsen. Merkwürdig ist bei der Seewalze auch, daß sie mit zwei Schläuchen am Enddarm Wasser zur Atmung aufnimmt und abgibt.

Seewalzen, auch Seegurken genannt, liegen den ganzen Tag unbeweglich am Meeresboden (rechts). Erst nachts werden sie aktiv. Manche Arten sammeln mit ihren klebrigen Tentakeln Nahrung vom Boden auf (oben).

Besser als ihr Ruf

Schon der Name klingt schauerlich „Mördermuschel". Kein Wunder also, daß sich um dieses Tier die abenteuerlichsten Geschichten ranken. Da die Menschen für so etwas sehr empfänglich sind, wuchsen die Riesenmuscheln in Filmen, Zeitschriften und nicht zuletzt im Taucherlatein zu wahren Monstren heran. In der Tat sind nur zwei authentische Berichte über Todesfälle im Zusammenhang mit Mördermuscheln bekannt. Darin heißt es, Riffwanderer seien versehentlich mit den Füßen zwischen die Schalen geraten. Da sie sich nicht mehr befreien konnten, seien sie mit auflaufender Flut ertrunken. Von diesen beiden Unfällen allein kann man jedoch nicht auf eine allgemeine Gefährlichkeit der Riesenmuschel schließen. Vielmehr ist es ganz natürlich, daß sie zum Schutz bei der geringsten Störung ihre Schalen zuklappt. Der Schließreflex wird sofort ausgelöst, durch einen einzigen, sehr kräftigen Muskel werden die Schalen geschlossen. Die Riesenmuschel lebt nicht nur von Kleinstlebewesen. In ihrem Blut befinden sich Algen, die wichtige Substanzen an die Muschel abgeben. Algen aber brauchen Licht, um zu gedeihen, deshalb findet man die Mördermuschel auch ausschließlich in den oberen Wasserschichten. Nur hier können sich die Algen rasch vermehren und den Nahrungsbedarf der Muschel decken. Sie aber versorgt ihrerseits die Algen mit wichtigen Nährstoffen wie Nitraten, Phosphaten und Kohlendioxid. Es handelt sich also um eine echte Symbiose.

Da die Mördermuschel langsamer wächst als die sie umgebenden Korallen, ist sie gut versteckt ins Riff eingebettet. Ihre Schalenlänge kann 1,50 Meter erreichen, das Gewicht beträgt dann etwa 200 Kilogramm. Die mächtigen, farbenprächtigen Mantellappen, die den Schalenrand der geöffneten Muschel bedecken, sind nur sehr schwer auszumachen, deshalb sollte der Riffwanderer genau achtgeben. Wenn er aber dennoch unversehens zwischen die Riesenschalen gerät, so ist eine Befreiung nur möglich, wenn der Schließmuskel der Mördermuschel durchschnitten werden kann oder die Schalen zertrümmert werden.

Die Mördermuschel lebt in den oberen, stark lichtdurchfluteten Wasserschichten. Nur hier können die Algen in ihrem Blut gedeihen, die ihr lebenswichtigen Sauerstoff liefern. Sie versorgt dafür ihrerseits die Einzeller mit wichtigen Nährsubstanzen (rechts).
Bei der geringsten Störung werden die Schalen durch einen Muskel sofort geschlossen (links).

Schön wie im Märchen

Jeder, der schon einmal über das Wattenmeer oder am Strand entlang gewandert ist, hat die kleinen Kegel aus aufgeschichtetem Sand schon gesehen. Vielleicht ist er achtlos darüber hinweggegangen, ohne zu wissen, daß es sich um die Arbeit eines kleinen Wurms handelt. Er gehört zur Ordnung der sogenannten festsitzenden Vielborster. Diese kleinen Tiere bauen sich aus Absonderungen ihrer Haut Röhren, oder sie verfestigen im Sand gegrabene Gänge mit Schleim. So schaffen sie sich einen schützenden Unterschlupf und eine eigene Behausung.
Auch als Taucher begegnet man Borstenwürmern auf Felsen und Muscheln oder zwischen weichen und harten Korallenästen. Häufig stecken sie aber auch im Schlamm oder Sand, oder sie leben, fest eingewachsen in ein Kalkskelett, in einer Korallenkolonie. Diese Arten gehören zu den schönsten aller Meerwürmer. An ihrem Kopfsegment haben sich Borsten zu einem Tentakelkranz umgebildet, der wie ein Blütenkelch geformt ist. Zart gefiedert und mit den leuchtendsten Farben und Mustern verschwenderisch ausgestattet, entzückt er jeden Betrachter. Die zarten Strukturen sind aber nicht nur schön anzusehen, sondern haben auch einen praktischen Zweck.
Diese wunderschöne Tentakelkrone ist eine raffiniert gebaute Filterbarriere, die wie eine Reuse Kleinplankton einfängt. Durch Wimperschlag wird es in Rinnen zum Mund geführt und verdaut. Die Reste leitet eine Körperfurche nach außen, damit die Röhre immer saubergehalten wird.
Das Schutzverhalten dieser Tiere ist äußerst sensibel. Schon bei der geringsten Störung, sei es ein plötzlicher Schatten oder eine Erschütterung, zieht sich das Kopfende des Wurms ruckartig in seine Röhre zurück. Bei einigen Arten wird die Öffnung noch durch einen harten Kopfanhang wie mit einem Deckel verschlossen. Sollte es einem besonders geschickten Feind aber dennoch gelingen, einen Teil der Tentakelkrone zu erbeuten, bedeutet das noch nicht das Ende des Wurms. Er ist in der Lage, das fehlende Stück in kurzer Zeit nachwachsen zu lassen.
Selbst wenn er die gesamte Krone verliert, wird sie innerhalb weniger Wochen wieder vollständig erneuert.

Die doppelköpfige Schraubensabelle ist eine stets von Steinkorallen umwachsene Art der Röhrenwürmer. Da sie bei einigen Fischarten als Nahrung besonders begehrt ist, hat sie einen schnellen Fluchtreflex entwickelt. Schon bei der geringsten Störung zieht sie sich in ihre schützende Röhre zurück und verschließt sie mit einem Dorn, der sich an ihrem Kopfende befindet.

Schön wie im Märchen ist die Tentakelkrone dieses Röhrenwurms, der zu den hübschesten seiner Art zählt.

Eine hübsche Zufallsbegegnung

Um die Schönheit unter Wasser im Bild festzuhalten, muß man sich schon einige Mühe machen. Ich hatte bei glühender Hitze meine Unterwasserkamera für Nahaufnahmen umgerüstet und empfand nun den Sprung in das erfrischende Wasser wie eine Erlösung. Langsam tauchte ich abwärts, doch schon nach kaum 10 Metern zog mich eine rubinrote Fächerkoralle in ihren Bann. Mit dem Einstellen des Fotoapparates beschäftigt, nahm ich dennoch eine rasch zuckende Bewegung zwischen den Korallenästen wahr. Als ich genauer hinsah, bemerkte ich nur eine fingerdicke braune Röhre. Bei vorsichtiger Berührung fühlte ich aber in ihrem Inneren eine so starke ruckartige Bewegung, daß meine Hand erschrokken zurückschnellte. Ich wartete auf einem in der Nähe liegenden Korallenblock, was geschehen würde. Es dauerte nicht lange, da zeigte sich ganz langsam und vorsichtig das Kopfende eines Röhrenwurms in der Öffnung, dem ein winziger Kranz rotvioletter Tentakel folgte. Er schob sich zögernd weiter und verharrte einen Augenblick. Als sich aber kein Feind zeigte, breitete er sich mit einer eleganten, spiralförmigen Bewegung zu einer Krone auseinander. Die farbliche Übereinstimmung mit der Koralle versetzte mich in Begeisterung. Wie ist es nur möglich, daß in der Natur eine solche Farbanpassung erreicht werden kann! Vorsichtig hebe ich die Kamera, und schon ist diese Vollkommenheit festgehalten. Es sieht aus, als sei die Fächerkoralle mit großen Blüten geschmückt.

Röhrenwürmer in tropischen Meeren wachsen einzeln oder in Kolonien auf einer festen Unterlage. Oft sind ihre bunten Tentakel von fast unwirklicher Schönheit und fallen dadurch besonders auf. Andere wieder stimmen farblich so stark mit ihrer Umgebung überein, daß sie nur schwer zu erkennen sind.

Stachelige Höhlenbewohner

Am Fuße des Riffs, in 35 Metern Tiefe, entdecke ich sie: Sechzehn langgestreckte Fühler schauen wie ausgefahrene Antennen aus einer schmalen Felsspalte heraus und tasten suchend umher. Meine Anwesenheit scheint Unruhe ausgelöst zu haben. Die mehrgliedrigen Beine hoch aufgerichtet, mustern mich die Tiere neugierig, ziehen sich unschlüssig zurück und wagen schließlich einen neuen Vorstoß. Acht Langusten sind es, die hier gemeinsam leben. Der Felsvorsprung, unter dem sie sich aufhalten, dehnt sich weit in die Tiefe hinab und bietet ihnen einen nahezu sicheren Schutz. Vorsichtig komme ich näher an sie heran, und auch sie wagen es nun, weiter aus ihrem Unterschlupf hervorzustelzen, um den möglichen Feind mit ihren Fühlern abzutasten. Wie auf ein geheimes Kommando ziehen sie sich aber plötzlich geschlossen zurück. Nun bleibt mir nur meine Taschenlampe, um sie aus der Nähe beobachten zu können. Welch ein phantastischer Anblick! Im Lichtkegel bietet das Durcheinander von Beinen, Fühlern und Panzern ein lebhaft leuchtendes Farbenspiel. Wegen der beiden Stacheln am Vorderrand des Kopfes und zusätzlicher Dornen bezeichnet man diese Langusten auch als Stachelhummer. Sie benutzen ihre Höhlen als Standquartier, in dem sie sich tagsüber verbergen. Im Schutze der Dunkelheit wagen sie sich dann heraus und gehen mit ihren sensiblen Tastorganen auf Nahrungssuche. Sie fressen Muscheln, Schnecken und totes Getier, das sie auf ihrer Nachtwanderung finden. In einer Stunde kann ein Tier eine Entfernung von 60 Metern zurücklegen. Wie bei allen Krustentieren kann der harte äußere Panzer nicht mitwachsen. Er wird periodisch vollkommen abgeworfen, während sich darunter schon eine neue Haut gebildet hat. Diese ist zunächst noch weich, festigt sich aber durch Aufnahme von Kalziumsalzen zu einem neuen Panzer. Auf diese Weise kann eine Languste innerhalb von 15 Jahren bis zu 45 Zentimeter lang und 8 kg schwer werden.
Drei Jahre hintereinander besuchte ich dieselbe Langustenhöhle und freute mich, daß nie ein Tier fehlte. Wird es im nächsten Jahr auch noch so sein oder wird jemand die eine oder andere schon gefangen haben? Ich würde es sehr bedauern.

Langusten sind tagsüber Höhlenbewohner. Nachts gehen sie auf die Wanderschaft, um Nahrung aufzunehmen. Dazu sind sie mit hochempfindlichen Tastorganen ausgestattet. Sie können bis zu 15 Jahre alt werden und 8 kg Gewicht erreichen.

Begegnung auf Tuchfühlung

Von Korallenblock zu Korallenblock schwebend, lassen wir uns in 25 Metern Tiefe vom Wasserstrom den gewaltigen Riffabhang entlanggetragen. Auf der Suche nach einer strömungsfreien Höhle entdecken wir eine mannshohe Öffnung, und mit einiger Mühe und kräftigen Flossenstößen erreichen wir endlich den schützenden Platz. Nun können wir wie einen Film das Leben unter Wasser an uns vorbeiziehen lassen. Doch meine Rolle als unbeteiligter Zuschauer ist nur kurz, denn ich werde an den Haaren gezupft. Erschrocken bücke ich mich und suche die Höhlendecke über mir mit der Lampe ab. Im Kegel des Lichtstrahls erkenne ich ein außergewöhnlich großes Pärchen von Putzergarnelen. Wie Fledermäuse hängen sie da oben, das strahlende Weiß ihrer Panzer wird durch eine rote Rückenlinie noch besonders hervorgehoben. Sie sind durch das helle Licht beunruhigt und versuchen, uns mit ihren plötzlich vorschnellenden dritten Beinpaaren, die mit Scheren ausgestattet sind, zu erschrecken. Sie wiederholen diese Attacken mehrmals, doch dann scheinen sie von unserer Harmlosigkeit überzeugt zu sein. Und nun signalisieren sie durch weit ausholendes Schwingen der überlangen Fühler ihre Putzerbereitschaft. Hätten sie jetzt einen Fisch vor sich, so würden sie ihm mit den großen Scherenbeinen die Schmarotzer von Schuppen und Kiemendeckeln entfernen. Bei dieser Arbeit verständigen sie sich laufend durch Betasten mit ihren flatternden Fühlerantennen. Dieser überaus gute Tastsinn ist es auch, der ihnen bei der weiteren Nahrungsaufnahme hilft, denn von der Putzsymbiose allein können diese bizarren Krebstiere nicht leben. Ein weiteres hochentwickeltes Wahrnehmungsorgan sind die Augen, mit denen Farben, Formen und Helligkeit unterschieden werden können. So sind sie auch in der Lage, sich nach dem Stand der Sonne oder des Mondes zu orientieren und immer wieder zu ihrem Lebensraum zurückzufinden. Durch diese Sinnesorgane können sie blitzschnell reagieren und vorbeischwimmende Kleinfische erbeuten. Sie packen mit den spitzen Scherengliedern zu und ersticken die Opfer durch ein rasches Zusammendrücken der Kiemendeckel. Ihre Chitin-Zähne zerkleinern die Nahrung, ein Filtersystem sortiert die Nahrungsteile so, daß die feineren in den Verdauungsdarm gelangen, während die unverdaulichen Brocken direkt über den Hauptkanal zum Enddarm geführt werden.

Durch das Wachstum der Garnelen wird der Panzer etwa alle 6 bis 8 Wochen zu klein. Hormone steuern die Häutung, die ausschließlich nachts stattfindet. Bleiben dabei einige Gliedmaßen am Panzer hängen, so werden sie einfach auch abgeworfen. Das gute Regenerationsvermögen sorgt für eine komplette Erneuerung.

Zuerst ist die neue Haut natürlich noch sehr weich, aber nach nicht allzu langer Zeit erhärtet sie sich zu einem neuen Panzer.

Da sie selbst aber auch bei anderen Meeresbewohnern als Nahrung beliebt sind, halten sie sich tagsüber im Schutz der Höhlen auf.

Das eifrige Garnelenpärchen hat uns vergebens seine Putzbereitschaft gezeigt, wir wären für sie ganz und gar ungeeignete Objekte. So verlassen wir diesen geschützten Platz, um uns wieder in die Strömung zu begeben, die uns rasch fortträgt.

Diese Putzergarnelen haben mit etwa 10 Zentimetern eine für ihre Art ungewöhnlich große Körperlänge. Sie schwingen die überlangen Fühler hin und her, um vorbeischwimmenden Fischen ihre Putzerbereitschaft zu zeigen, mit der sie die Tiere von Parasiten und krankem Hautgewebe befreien. Oft leben sie paarweise zusammen und verteidigen diese Partnerschaft gegen jeden Rivalen. Standorttreu verlassen sie zwar nachts zur weiteren Nahrungsaufnahme ihre Höhle, finden aber mit den fein ausgebildeten Sinnesorganen immer wieder zurück.

Lockende Vielfalt im lebenden Meer

Ein besonderes Ereignis für jeden Taucher ist es,
wenn er Großfischen begegnet.
Viele leben in der Hochsee,
tauchen aber gelegentlich auch in Küstennähe auf.
Unter ihnen gibt es sanfte Riesen wie den Manta,
der durch das Wasser gleitet
wie ein großer Vogel mit weiten Schwingen
und sogar mit sich spielen läßt.
Nicht zu spaßen ist dagegen mit Haien,
wenn ihre Freßgier einmal geweckt ist.
Seit Jahrmillionen kaum verändert,
sind sie ständig in Bewegung
und jagen ruhelos nach Beute.
Eher scheu, suchen Seelöwen als gute Schwimmer
ihre Nahrung im Meer,
doch zur Fortpflanzung gehen sie an Land.

Ein Riesenmanta als seltener Gast im Riff, er lebt in der Hochsee.

Wirksame Verteidigung

Von einigen Hochseearten abgesehen, leben die meisten der 340 bekannten Arten von Rochen im Flachwasser küstennaher Meeresgebiete. Sie gehören zu den Knorpelfischen wie auch die Haie. Übergangsformen, wie man sie beim Engelshai findet, sind ein Nachweis für diese Verwandtschaft. Bei den Rochen ist der Körper in der Regel flach wie eine Scheibe, Rumpf und Kopfseiten sind mit den Brustflossen verschmolzen. Letztere allein dienen dem Antrieb. Wie bei allen Bodenbewohnern der Meere befinden sich die Augen an der Oberseite des Kopfes. Dahinter liegen die sogenannten Spritzlöcher, das sind Öffnungen, welche das Atemwasser zu den fünf Paaren von Kiemenspalten pumpen, die an der Unterseite des Körpers sind. Hier liegt auch das Maul mit seinem äußerst kräftigen Kauwerkzeug. Es besteht aus kleinen Zähnen, in mehreren Reihen angeordnet. Manchmal sind sie auch zu breiten Zahnplatten ausgebildet. Damit ist der Rochen in der Lage, härteste Muschelschalen mit Leichtigkeit zu knacken. Seine Hauptnahrung besteht aus niederen Tieren am Boden, wie Stachelhäutern, Krebsen und Weichtieren.
Besonders erwähnen möchte ich hier den Stechrochen, da er auch ahnungslos in der Brandung badenden Urlaubern lebensgefährliche Verletzungen beibringen kann. Er hat einen dornartigen Stachel, der mit Widerhaken und Giftdrüsen ausgerüstet ist. Er befindet sich auf dem Schwanzrücken des Tieres und stellt eine überaus gefährliche Waffe dar. Mein Tauchkamerad Heiner hat einmal mit ihr auf eindringliche Weise Bekanntschaft gemacht.
Bei einem Tauchgang, der keine besonderen Ereignisse gebracht hatte, stöberte er im Sand einen hübschen blaugefleckten Stechrochen auf und neckte ihn mit zunehmendem Übermut. Eine Weile ließ das Tier sich alles gefallen, aber urplötzlich war es mit seiner Geduld am Ende. Ein Peitschenhieb traf Heiner, und der Giftstachel bohrte sich tief in seinen Unterarm. Fassungslos flüchtete er an die Oberfläche und sah mit Entsetzen die sich rasch ausbreitende Blutspur. Dicht neben der Pulsschlagader sah man eine etwa 2 Zentimeter tiefe und 5 Millimeter breite Wunde. An Bord reinigten und desinfizierten wir sie schnellstens. Aber schon nach kurzer Zeit war der Unterarm um das Doppelte angeschwollen, und höllische Schmerzen plagten den Verletzten. Da ich wußte, daß es durch das Gift zu ernsten Gefahren wie Herzmuskelschädigung oder Atemlähmung kommen konnte, spritzte ich eine hohe Dosis Cortison. Vier Tage Bettruhe waren erforderlich, ehe Heiner die Folgen dieses Abenteuers überwunden hatte. Er hatte seinen Übermut sehr teuer bezahlen müssen.

Die Mehrzahl der Rochenarten gehört zu den Bodenbewohnern. Tagsüber trifft man sie häufig im Sand vergraben oder freiliegend an (oben). Nachts gehen sie auf Nahrungssuche. Einige besitzen einen giftigen Stachel, der auch für den Menschen eine gefährliche Waffe darstellt. Deutlich sieht man die Augen an der Oberseite des Kopfes (links).

Vom Taucher aufgespürt, verlassen sie nur widerwillig ihren Ruheplatz und schwimmen flach über den Meeresboden davon (rechts).

Elegante Riesen

Vor Millionen Jahren muß es gewesen sein, als die Korallenriffe von Fischen so übervölkert waren, daß die Nahrungssuche für manche Arten zum Problem wurde. Das mag auch ein Grund dafür gewesen sein, daß einige Rochenarten die ihnen vertraute Nahrungsaufnahme am Boden aufgaben, um in die Hochsee hinauszuschwimmen, wo sie sich auf Planktonfang umstellten. Im Laufe der Evolution nahmen sie an Größe und Kraft immer mehr zu, bis sich ihre Nachfahren zu den heutigen Riesenrochen entwickelten. Ihre Spannweite kann 7 Meter und ihr Gewicht 2 Tonnen erreichen, und dennoch gleiten sie elegant, wie mächtige Vögel im Flug, durch das offene Meer. Die ausgezogenen Brustflossen scheinen sie wie Adlerschwingen zu tragen. Ständig strömt das planktonreiche Wasser durch ihr weit geöffnetes schaufelähnliches Maul. Dieser Nahrungsfluß wird durch zwei bewegliche Hörner an den Seiten des Vorderkopfes wie durch Trichter gesteuert. Aus dem Kiemenkorb hat sich eine Art Sieb entwickelt, durch welches das Plankton aufgefangen wird, während das filtrierte Wasser durch die riesigen Kiemenöffnungen wieder nach außen fließt. Mantas brauchen Plankton in großen Mengen, deshalb bevorzugen sie die tropischen Gewässer, in denen es überreichlich vorhanden ist. Sie leben einzeln oder paarweise, nur als Jungtiere sieht man sie auch im Schulverband. Manchmal tauchen sie unvermittelt an steilen Riffabhängen auf, verharren ein wenig und ziehen dann majestätisch wieder hinaus ins offene Meer – ein glücklicher Augenblick für jeden Taucher, diese Tiere einmal aus der Nähe zu sehen. Mühelos gleiten sie dahin, trotz der lästigen Schiffshalterfische, die sich an ihnen festgesaugt haben.

Mantarochen sind Hochseebewohner tropischer Regionen. Trotz ihrer gigantischen Größe, die Spannweite kann 7 Meter und das Gewicht 2 Tonnen erreichen, schwimmen sie leicht und elegant. Ihre Nahrung besteht aus Plankton, das sie aus dem Wasser filtrieren. Dabei dienen die Hörner am Kopf als Trichter und leiten es in das Maul auf der Bauchseite.

Eine ungewöhnliche Freundschaft

Den Namen Teufelsrochen verdankt der Manta, dieser völlig harmlose Hochseebewohner, seinen beiden löffelartigen Kopflappen, die zu Hörnern eingerollt, Assoziationen an den Teufel erwecken. Nicht vielen Tauchern ist es vergönnt, diese atemberaubend schönen Tiere in ihrem Element zu erleben. Um so glücklicher konnte ich mich schätzen, als ich im Golf von Kalifornien, in der Sea of Cortez, ein solches Erlebnis hatte. Mehrere dieser Tiere kamen in der Dämmerung, zogen nah und doch unnahbar dicht unter der Wasseroberfläche dahin, um so unmittelbar, wie sie gekommen waren, wieder zu verschwinden. Unruhig wartete ich auf den nächsten Morgen. Doch dann gerieten die Tauchvorbereitungen zur Hektik, da drei dieser gewaltigen Rochen vor unserem Schiff spielten, beschäftigt mit sich selbst, die ausladenden Schwingen wie im Zeitlupentempo bewegend.
Endlich im Wasser, verschlug es mir den Atem. Eines dieser Tiere kam plötzlich auf mich zu und verharrte, stabilisierte seine Lage sanft, mit leisen Bewegungen seiner Flügelspitzen. Es war wie eine Aufforderung an mich, aufzusteigen und mit ihm durch das klare Blau des Wassers zu gleiten. Ich spielte mit dem Manta wie ein Fisch unter Fischen, ohne Tank und genoß diesen seltsamen Schwebezustand, der mich gefangenhielt. Die Luft anhaltend, umklammerte ich sein Horn, und wie von der Berührung elektrisiert, trug er mich tiefer und tiefer, bis mich die Atemnot in die rauhe Wirklichkeit zurückholte. Im Bewußtsein, einen meiner schönsten Tauchgänge erlebt zu haben, strebte ich der Wasseroberfläche zu.

Mein Manta und ich waren Freunde geworden und hielten manchmal in 10 Metern Tiefe stumme Zwiesprache miteinander.

Seine Neugier und Geduld ermöglichten es mir, mit ihm zusammen durch das Wasser zu schweben. Dabei boten mir seine zu Hörnern eingerollten Kopflappen guten Halt, den ich dankbar annahm.

In den Kelpwäldern Kaliforniens

Vor der pazifischen Küste Nordamerikas, also in kühleren Gewässern, existieren wahre Urwälder von Riesenalgen mit ungeheuren Ausmaßen. Langsam tauchen wir hinein in diesen Irrgarten, der so ganz anders ist als die üblichen Rifflandschaften, die wir kennen. Das Wasser ist längst nicht so klar, die Sichtweite beträgt nur etwa 20 Meter, und so suchen wir uns behutsam unseren Weg durch diesen dicht an dicht stehenden Riesentang. Geisterhaft wirkt sein Aufsteigen aus der Tiefe. Um für die lebensnotwendige Photosynthese Energie zu tanken, streckt er sich dem Sonnenlicht entgegen. Das verwirrende Spiel der Sonnenstrahlen läßt dieses grüne Dikkicht in allen Schattierungen flimmern und zwingt mich, für einen Augenblick die Augen zu schließen. Aber ich bin entschlossen, bis auf den Grund dieser Pflanzen zu kommen, und so lasse ich mich tiefer und tiefer hinuntersinken, bis ich bei 30 Metern Tiefe endlich den Boden erreiche. Hier ist also der Ursprung dieser Tangpflanzen. Ihre kräftigen, schlangenförmig gewundenen Wurzeln umklammern wie gigantische Haftkrallen die Felsbrocken, manche haben sich auch tief im Sand verankert. Aus dieser Dunkelheit streben die starken Stiele der Sonne zu und bilden dabei breit ausladende Blätter, die dick und glitschig sind. Knollenartige, mit Gas gefüllte Schwimmkörper bewirken einen Auftrieb und verhindern damit das Hinuntersinken auf den Meeresgrund. Dieses fast undurchdringliche Pflanzenwachstum bietet vielen Fischen und niederen Tieren einen hervorragend geschützten Lebensraum. Garibaldi-Fische mit ihrer orangeroten Färbung wirken wie Farbkleckse im satten Grün des Kelpwaldes.
Aber auch Langusten, Weichkorallen und Seesterne haben sich hier angesiedelt. Sie müssen sich den Raum allerdings mit einer großen Anzahl von Seeigeln teilen, die sich von den Jungtrieben des Kelps ernähren. Vorsichtig winde ich mich durch die schwankenden Stiele und schlingernden Blätter nach oben, dem Licht entgegen.
Dabei muß ich sorgfältig aufpassen, daß sich keines der kräftigen Tangbüschel in der lebensnotwendigen Technik meiner Ausrüstung verfängt, denn das würde diesem reizvollen Tauchgang im Kelpwald ein böses Ende bereiten. Aber alles geht gut, und oben angelangt ist mir, als komme ich aus einem Dschungel.

Das Tauchen zwischen Riesentang ist wie ein schwebender Spaziergang im lichtdurchfluteten Urwald (rechts).
Häufig stößt man dabei unvermittelt auf Engelshaie, die sich im Sand vergraben haben. Sie sind Bodenbewohner, die im Vertrauen auf ihre gute Tarnung den Taucher dicht herankommen lassen (links).

Teils im Wasser, teils an Land

Robben sind das Resultat einer langen Entwicklungsgeschichte. Sie sind an das Leben im Wasser angepaßte Landraubtiere, die sich überwiegend von Fischen, aber auch von Kopffüßern und Krebsen ernähren. Ihr spindelförmig gebauter Körper besitzt ein dicht anliegendes Fell. Die dicke Speckschicht darunter schützt das Tier vor Kälte. Im Laufe der langen Evolution sind die Gliedmaßen auf Flossen zusammengeschrumpft, die es den Tieren ermöglichen, perfekt zu schwimmen und eine erhebliche Geschwindigkeit zu erreichen.
Sie brauchen das Meer als lebensnotwendiges Element zur Nahrungsbeschaffung. Zum Ausruhen und zur Fortpflanzung aber gehen sie an Land.
Die bekanntesten Robben sind die kalifornischen Seelöwen, die wegen ihrer Spielfreude in keinem Zoo fehlen.
In Freiheit verläuft ihr Leben nach den ihrer Art eigenen Gesetzen. Sie bleiben an dem Ort, an dem sie geboren werden, solange sie leben. Ein einziger Bulle beherrscht seinen Harem von etwa 20 Weibchen, die er konsequent zusammenhält. In den Morgenstunden jagen Seelöwen einzeln oder in Gruppen, um ihren Nahrungsbedarf zu decken. Als ausgezeichnete Schwimmer und Taucher dringen sie bis in Tiefen von 100 Metern vor und kehren oft erst nach 10 bis 15 Minuten an die Oberfläche zurück.
In Freiheit erreichen sie ein Alter von etwa 30 Jahren, in Gefangenschaft nur bis zu 14 Jahren.

Seelöwen gehören zu den scheuen und vorsichtigen Robbenarten. Nähern sich ihnen Taucher, so stürzen sie zunächst fluchtartig ins Meer und beobachten aus einiger Entfernung die Lage. Haben sie aber die Harmlosigkeit der Eindringlinge erkannt, nehmen sie diese förmlich in ihre Gemeinschaft auf. Seelöwen sind spielfreudig und intelligent, und so fehlen sie auch kaum in einem Zirkus.

Er verteidigt sein Revier

In einem Beiboot, die Unterwasserkamera schußbereit auf den Knien, nähern wir uns langsam und vorsichtig einer kleinen Insel, die seit Jahren Sitz einer Seelöwenkolonie ist. Obwohl wir versuchen, so unauffällig wie möglich in das Reich des Bullen einzudringen, ist es dennoch unmöglich, dem wachsamen Auge des Herrschers über 18 Weibchen zu entgehen. Mit hoch erhobenem Kopf mustert er sie nacheinander. Zwischen ihnen schmiegen sich nußbraune Jungtiere, die erst wenige Wochen alt sind, an die Felsen. Und schon verkündet der Seelöwenbulle seinen Unmut über die Störung durch bellendes, weithin hallendes Röhren. Lautlos lassen wir uns ins Wasser gleiten, zunächst von ohrenbetäubendem Gebrüll begleitet. Doch dann treten die Weibchen selbst in Erscheinung. Mehrere dieser ausgezeichneten Schwimmer und Taucher wirbeln um uns herum in grotesken Spiralen, Saltos schlagend und Loopings drehend. Blitzschnell nähern sie sich, um kurz vor dem erwarteten Zusammenprall in Sekundenschnelle abzudrehen. Neugierig sind sie und mustern uns ständig aus großen, dunklen Augen. Ihr Spiel gleicht einer Aufforderung zum Tanz. Aber nun naht auch der Bulle, der sich bisher in einiger Distanz an der Wasseroberfläche aufgehalten hatte. In meinem Tauchpartner, der auf einem Felsen thront, scheint er einen Rivalen zu sehen, der ihm das Revier streitig machen will. Mit zunehmender Erregung werden seine Schwimmbewegungen immer schneller. Er bewegt Kopf und Körper graziös trotz der Massigkeit. Noch einmal holt er tief Luft, dann taucht er ab. Was sich nun abspielt, geschieht in Sekundenschnelle. Wie eine Rakete schießt er plötzlich auf den Eindringling zu, die Situation wird gefährlich. Mit einer instinktiven Bewegung reißt der Taucher die Arme hoch, um den Angreifer abzuwehren. Sichtlich erregt demonstriert der Bulle seine Kampfbereitschaft und gibt seiner grenzenlosen Wut über den Störenfried mit weit aufgerissenem Maul und gefletschten Zähnen Ausdruck. Doch das ist noch nicht alles. Er will entschlossen den Gegner aus dem Felde schlagen und geht nun zum direkten Angriff über. Nach einer blitzartigen Kehrtwendung schnellt er auf den vermeintlichen Rivalen zu und rammt ihn mit einem ganz gezielten Stoß. Mein Tauchpartner verliert Maske und Lungenautomaten und muß aufgeben. Außer Gefecht gesetzt, bleibt ihm nichts anderes übrig, als mit einem Notaufstieg die Wasseroberfläche zu erreichen.

Seelöwen bleiben zeitlebens im selben Revier. Die Bullen versammeln bis zu 20 Weibchen um sich und verteidigen sie gegen jeden Eindringling unerbittlich hart. Zuerst drohen sie mit ihrem raubtierartigen Gebiß, um dann zum direkten Angriff überzugehen. Für den leichtsinnigen Taucher eine gefährliche Situation.

Seit Jahrmillionen unverändert

Die ersten Knorpelfische, zu denen auch die Haie gehören, haben sich schon vor 350 Millionen Jahren entwickelt und beherrschten bereits vor 200 Millionen Jahren die Meere. Allen Einflüssen zum Trotz existieren die Vertreter aller heute lebenden Haiarten seit 65 Millionen Jahren, sie haben sich also nahezu unverändert bis in die heutige Zeit gerettet. Diese Tatsache allein spricht schon dafür, wie perfekt sie gebaut sind, und in welch idealer Weise sie fähig sind, sich der Umwelt anzupassen. Man kennt etwa 250 verschiedene Arten, von denen 20 als dem Menschen gefährlich eingestuft werden. Alles an diesem König der Meere ist hervorragend aufeinander abgestimmt, Körperform und Bewegung sowie Freß- und Verdauungsapparat. Sein Innenskelett besteht aus Knorpelmasse, die Haut ist mit Schuppen überzogen, die an der Basis aus Knochen, sonst aus Zahnbein bestehen, also richtige kleine Zähne sind. Die Berührung vermittelt den Eindruck, als streiche man über grobkörniges Sandpapier. Der Haikörper ist langgestreckt wie ein Torpedo, mit perfekter Stromlinie. Die Brustflossen dienen als Gleit- und Tragflügel und regulieren die Höhensteuerung. Mit den starken Bauch- und Rückenflossen stabilisiert der Hai seine Lage, die Schwanzflosse ist der Antriebsmotor, mit welcher er Geschwindigkeiten bis zu 70 Kilometern in der Stunde erreichen kann.
Haie haben als Vielzähner ein ideal konstruiertes Gebiß. Bis zu 15 Zahnreihen liegen hintereinander angeordnet im Maul, aber nur die ersten beiden sind in Gebrauch. Die immer kleiner werdenden Ersatzreihen dahinter bilden ein unerschöpfliches Reservoir. Zurückgeklappt sind sie dazu bestimmt, die Funktion eines abgenutzten oder abgebrochenen Zahnes zu übernehmen. Dann erst richten sie sich auf. Ebenso optimal wie das Gebiß ist der Verdauungsapparat beschaffen. Schlund und Magen besitzen eine extreme Dehnungsfähigkeit und sind in der Lage, große Beutemengen und -stücke aufzunehmen. Wirksame Verdauungssekrete lösen alles auf, was in den Magen gelangt. Der Hai ist von Natur ein Raubfisch und erfüllt mit der Selektion eine wichtige Aufgabe, denn nur schwache oder kranke Tiere sind vorwiegend seine Opfer. Die Menschen haben diesen Fisch zum Symbol des Grauens gemacht, da es tödlich verlaufene Haiunfälle gegeben hat. Der erfahrene Taucher weiß, daß diese Raubfische weder vollkommen ungefährlich noch mordende Bestien sind. Eine Begegnung mit ihnen ist immer ein besonders spannungsgeladenes Erlebnis. Aber für ihn gehören Haie zu den faszinierendsten Bewohnern der Meere. Wichtig ist, beim Anblick eines Hais nicht in Panik zu geraten.

Ist die Freßgier eines Haifisches durch Anfüttern erstmal geweckt, schnappt er nach allem, was sich ihm bietet, sogar nach einem zusammengerollten Stahlnetz (links). Auge in Auge mit einem Hai, für jeden Taucher ein besonders faszinierendes Erlebnis (rechts).

Ein aufregendes Abenteuer

Es ist ein sonniger, herrlich warmer Sommertag. Mit unserem speziell für Haibeobachtungen ausgerüsteten Schiff lassen wir uns etwa 100 Kilometer von San Diego in Kalifornien langsam mit dem Treibanker in die Weite des Pazifischen Ozeans tragen. Wir sind besessen von unserem Ziel, den Geruchssinn der Haie zu stimulieren. Zu diesem Zweck lagern im Bauch unseres Schiffes zentnerweise Köderfische. Würde unser Vorhaben gelingen? Mit einer Eisenstange werden etwa 30 kg tiefgefrorener Makrelen zu einer breiartigen Masse zerstampft und in eine Köderkiste gefüllt, die wir außenbords hängen. Aufmerksam und voller Spannung verfolgen wir, wie die Strömung die Fischfetzen fortschwemmt. Das Wasser trübt sich vom Fischsaft und breitet sich wie eine ausgelegte Leimrute aus. Es dauert keine Stunde, da haben die ersten Blauhaie die Blutspur schon aufgenommen und die Köderkiste erreicht. Vergeblich versuchen sie, an den lockenden Inhalt heranzukommen. Für uns ist dies der ersehnte Zeitpunkt zum Wassern des Haikäfigs. Äußerlich ruhig, doch innerlich voller Spannung und nagender Nervosität, beobachten wir die Markierung. Leise hin- und herschaukelnd zeigt sie uns den Standort des Käfigs an, der in wenigen Minuten unsere rettende Zuflucht sein wird. Wenige Meter können sich zur Unendlichkeit dehnen. Während ich in Gedanken die Strecke schon durchmesse, schlüpfen wir, alle Zeichen von Hast vermeidend, in unsere Tauchanzüge. Noch einmal werden die technischen Geräte überprüft, dann springen wir, mit Kameras und Blitzlichtausrüstungen bepackt, ins Wasser. In dem Bestreben, auf kürzestem Wege so schnell wie möglich den Käfig zu erreichen, nehmen wir unsere Umgebung kaum wahr und zählen auch nicht die Haie, die sich um uns tummeln. Doch endlich ist es geschafft, irgendwie sind wir alle in den Käfig gelangt, und die Gitterstäbe um uns herum strahlen ein magisches Gefühl der Sicherheit aus. Nun denken wir nicht mehr an die Gefährlichkeit der Haie, sondern genießen die Faszination der uns umgebenden Szene. Uns ist klar, daß es ohne den sicheren Käfig ein Spiel mit dem Tode wäre.

Zentner von zerstoßenem Köderfisch locken in kurzer Zeit eine große Anzahl von Blauhaien an. Lauernd umkreisen sie, zunächst noch vorsichtig, unser Schiff und verfolgen uns schon beim Einstieg ins Wasser. In panischer Hast schwimmen wir, so schnell es geht, dem schutzbietenden Käfig zu (rechts).

Gut durch die Gitterstäbe geschützt, erleben wir draußen ein grandioses Schauspiel (unten).

Rastlose Räuber der Hochsee

In der Geborgenheit des Käfigs erleben wir nun das, was sich draußen im Wasser abspielt, wie ein Theaterstück, in welchem die 20 bis 30 uns umgebenden Haie die Hauptrollen spielen. In aller Ruhe können wir unsere Unterwasserkameras schußbereit einstellen, und dann erst beobachten wir konzentriert das Schauspiel.
Die straffen Stromlinienkörper der Blauhaie gleiten elegant und mühelos durch ihr Element. Mit gleichbleibender Geschwindigkeit, den Kopf von links nach rechts drehend, nähern sie sich den Gitterstäben. Mit ihren großen dunklen Augen sehen sie zunächst gar nicht wie freßgierige Bestien aus. Eine intensiv blaue Rükkenfärbung und das sich scharf abgrenzende Weiß der Bauchseite unterstreichen noch die vollendete Schönheit und Vollkommenheit dieser Geschöpfe, die seit Jahrmillionen unverändert sind. Um die Tiere wirklich hautnah erleben zu können, versuchen wir, sie mit Köderfischen weiter anzulocken. Diese liegen, bisher unbeachtet, im mitgebrachten Sack auf dem Boden des Käfigs. Einzelne Makrelen werden herausgenommen, durchgebrochen und das Fleisch an den Gitterstäben zerdrückt. Im Nu hüllt uns eine Wolke kleinster Fischteilchen ein. Der Geruch lockt diese herrlichen Raubfische an und offenbart uns, warum ihre Gefährlichkeit so berüchtigt ist. Mit wenigen, kaum wahrnehmbaren Bewegungen erhöhen sie ihre Geschwindigkeit. Enger und enger schließt sich der Ring um unseren Käfig, und schließlich nimmt ihre entfesselte Freßgier überhand und läßt sie ihre Vorsicht und Zurückhaltung vergessen. Wahllos greifen sie die uns umgebenden Stahlstangen wieder und wieder an. Unerbittlich schließen sich die spitzen Zahnreihen um die Stäbe, unerbittlich rütteln die kräftigen Körper, die aus nur einem einzigen Muskel zu bestehen scheinen, an den Verankerungen. Wie rasend und außer Kontrolle stellen sie unter Beweis, daß Haie in ihrem Freßrausch vor nichts Halt machen. Uns wird klar, warum sie als Allesfresser verschrien sind, warum man in ihren Mägen auch Blechdosen und Schuhe gefunden hat und warum sie auch von Menschen gefürchtet werden müssen.

Blauhaie gehören zu den elegantesten Vertretern ihrer Art. Sie beim Schwimmen zu beobachten ist ein ästhetischer Genuß. Ihr Leben lang sind sie in Bewegung ohne auszuruhen, da ihnen eine Schwimmblase und die Aktivatmung fehlen. Das Maul ist ständig leicht geöffnet, damit der Wasserstrom ununterbrochen über die Kiemen den lebensnotwendigen Sauerstoffbedarf dekken kann. Als rastlose Räuber schwimmen sie von Kontinent zu Kontinent, ständig auf der Suche nach Nahrung.

Wie ein gefährlicher Torpedo

Seit 6 Stunden ergießt sich nun schon ein ständig lockender Strom von Fischfetzen und Fischblut in die Weite des Meeres. Es wimmelt nur so von Blauhaien, die jetzt, bei unserem dritten Tauchgang, ein dichtes Knäuel um den Käfig bilden. Plötzlich scheint sich eine Gasse dazwischen aufzutun und gibt Raum für einen Schatten. Wie ein Torpedo schießt er mit unglaublicher Geschwindigkeit auf uns zu. Ein Gedanke durchzuckt mich: Der Mako! Er gehört zu den gefährlichsten und angriffslustigsten Haiarten. Bilder von einem schwer verletzten Seelöwen drängen sich mir auf, den wir vor kurzem gesehen hatten. Er war von einem Mako angefallen worden, hatte aber überlebt. Kaum habe ich diesen Gedanken zu Ende gebracht, da umkreist er uns auch schon, lautlos und zielsicher, seine Richtung von Zeit zu Zeit ruckartig ändernd, mit unverminderter Geschwindigkeit. Sein muskulöser, elegant gebauter Körper befähigt ihn, mit wenigen Schlägen der Schwanzflosse eine Geschwindigkeit von 70 Kilometern in der Stunde zu erreichen. Sein messerscharfes Gebiß starrt von stahlharten Zahnreihen. Das alles läßt keinen Zweifel an der Überlegenheit dieses aggressiven Angreifers aufkommen.
Einer der Köderfische am Gitter wird sofort von ihm angesteuert, und im Vorgeschmack auf die Beute wird der Oberkiefer freigelegt. Und dann krachen auch schon beide Kiefer aufeinander und umklammern Eisenstab samt Köderfisch mit erbarmungsloser Härte. Er bewegt seinen Kopf wie eine Säge und versucht mit aller Gewalt, das widerspenstige Opfer loszureißen. Seine erstaunliche Kraft läßt den Käfig erzittern, so daß wir große Mühe haben, uns zu halten. Ein letzter energischer Ruck – und der Köder verschwindet im Schlund des Mako. Und plötzlich sind wie aus dem Nichts weitere Makohaie aufgetaucht, noch größer und wuchtiger als der erste. Auch diese beiden wollen einen Anteil an der Beute erkämpfen. Die Freßgier steigert sich zur Raserei, und die Lage wird bedrohlich für uns. Glücklicherweise hat die Schiffsbesatzung das erkannt und zieht uns mitsamt dem Käfig heran. Tief aufatmend steigen wir erleichtert in das rettende Boot. Wir haben das Gefühl, einer Gefahr entkommen zu sein.

Haie haben durch ideale Anpassung Jahrmillionen nahezu unverändert überdauert. Ein Makohai zeichnet sich durch vollendete Schönheit der Körperform und ungewöhnliche Angriffslust aus. Sein Maul wirkt jedoch furchterregend. Wer seine ungeheure Freßgier durch Köder entfesselt, wird erkennen, daß dieser Hai nicht nur Fische, sondern auch Menschen angreift. Sein Gebiß besteht aus mehreren Reihen rasiermesserscharfer Zähne, die sich bei Verlust oder Abnutzung ständig erneuern können (links).

Einzelgänger in Begleitung

Das Springen eines Makrelenschwarms in der Nähe lockte uns ins Wasser. Es hatte den Anschein erweckt, als würden sie von einem erbarmungslosen Räuber gejagt. Doch nun scheinen wir die einzigen Lebewesen in dieser Unendlichkeit des Meeres zu sein, weder Jäger noch Gejagte durchbrechen die einsame Weite.
Wir nennen es „Blue Water Diving" – Tauchen im blauen Wasser, wenn wir uns in etwa 20 Metern Tiefe mit Hilfe einer Weste austariert haben und einfach dahinschwimmen, in der Hoffnung auf eine überraschende Begegnung mit irgendwelchen Hochseebewohnern. Doch es bleibt still. Wir beschließen gerade, wieder aufzutauchen, da belebt plötzlich ein Schatten die blaue Wand. Für Sekunden sehen wir uns einem mächtigen Hai gegenüber, der von einem Geschwader kleiner, zerbraähnlich gestreifter Fische umgeben ist. Exakt wie Soldaten folgen sie jeder seiner Bewegungen. Es handelt sich dabei um auffällig hübsche, mit dunklen Querstreifen versehene Barsche, die als Lotsen- oder Pilotfische bekannt sind. Früher glaubte man nämlich, diese Fische würden verirrte Schiffe oder in Seenot geratene Schwimmer an Land lotsen. Neuere Untersuchungen ergaben jedoch, daß Pilotfische als Begleiter von Großfischen wie Walen, Mantas oder Haien, eher ein Schmarotzerdasein führen. Manchmal betrachten sie sogar Treibholz, Schiffe oder Taucher als Wirt. Diese Lebensweise ist ein raffiniertes Anpassungsspiel der Natur. Großfische bieten den kleineren einen hervorragenden Schutz, und es kommt sogar vor, daß deren großes Maul als Versteck benutzt wird. Das legt die Frage nahe, ob Pilotfische zuweilen nicht auch von ihren Wirten gefressen werden, was einige Autoren als sicher annehmen. Normalerweise wird aber eine bestimmte Distanz zum Maul eingehalten.
Aber nicht nur wegen des Schutzes werden auch Raubfische begleitet. Da bei jeder Beutejagd genug Nahrungsbrocken abfallen, können die Pilotfische so bequem leben. Der plötzlich aufgetauchte Fisch ist ein Silky aus der Familie der Blauhaie. Rasch zieht er mit seinen Begleitfischen weiter und verschwindet wieder im unendlichen Blau. Pilotfische wissen, daß die unmittelbare Nähe des Raubfisches ihnen Schutz gibt.
Nur einer hat die Gruppe verlassen und sich bei mir angesiedelt. Er begleitet mich bis an die Wasseroberfläche, und erst als ich sein Element verlasse, schwimmt er davon.

Wie ein Geschwader begleiten Pilotfische den Silky, einen Fisch aus der Familie der Blauhaie. Dabei passen sie sich jeder plötzlichen Richtungsänderung an. So finden sie nicht nur Schutz, sondern können sich auch von abfallenden Beutestücken bestens ernähren.
Die Geschwindigkeit der Fische ist so rasant, daß sie nicht scharf abgebildet werden können, obwohl sie mit einer 1/250stel Sekunde fotografiert wurden.

Eine Ritterrüstung unter Wasser

Häufig verwenden Schlächter zum Schutz ihrer Hände Handschuhe, die mit Stahl durchsetzt sind. Das brachte den Biologen Jeremiah S. auf die Idee, auch Taucher mit einer solchen Barriere aus Stahl vor den scharfen Zähnen der Haie zu schützen. Er entwickelte einen aus etwa 150.000 kleinen Stahlringen zusammengesetzten Anzug. Ärmel und Hosenbeine erhielten eine zusätzliche Verstärkung durch Stahlplatten, die eine bessere Verteilung des Beißdruckes bewirken sollen. Dieser kann nämlich bei einem 3 Meter langen Hochseehai immerhin 30 Kilogramm pro Quadratmillimeter betragen. Der ungefähr 8,6 kg schwere Kettenanzug ist eine ideale Voraussetzung für unsere Beobachtungen von Haiangriffen, die wir nachts provozieren wollen. Ein mit vier Scheinwerfern ausgerüsteter Haikäfig wird ins Wasser gelassen, und wir stellen fest, daß die tagsüber mit Köderfischen angelockten Haie auch nachts präsent sind. Im Licht der Lampe tummelt sich eine stattliche Anzahl dieser Raubfische. Durch seinen Kettenanzug geschützt, begleitet Jeremiah jeden von uns einzeln sicher zum Käfig. Dabei muß er hier und da bereits einen aufdringlichen Hai mit gezielten Fausthieben abwehren. Ein ungutes Gefühl beschleicht mich in dieser Nacht. Würde der Anzug sich bewähren, und würde Jeremiah selbst einem massiven Angriff der Blauhaie standhalten können?

Kaum hat er ein paar Köderfische an seinem Ärmel zerrieben, tauchen schon die hellen Körper der Haie gespenstisch aus dem Dunkel der Nacht auf. Wie Blitze zucken sie durch den Raum, bis sich aus der Masse ein etwa 3 Meter langer Blauhai löst. Er stößt auf Jeremiah zu und schlägt seine scharfen Zähne in die Stahlringe des Anzugs. Mit der gleichen Intensität hämmern sich die einzelnen Bilder dieses Angriffs in mein Gedächtnis, fügen sich wie zu einem Filmstreifen aneinander, den ich jederzeit in Zeitlupe abrollen lassen kann. Ich sehe den Hai kommen, habe ihn dicht vor mir, er öffnet das Maul, schiebt den Unterkiefer vor, zieht den Oberkiefer hoch und entblößt die senkrecht aufgerichteten, furchterregenden Zähne. Ich glaube zu hören, wie sich die Spitzen in die Stahlringe graben, die Jeremiahs Arm umschließen. Langsam senkt sich die weiße Nickhaut schützend über die Haifischaugen, und dieses geballte Kraftbündel schüttelt sein Opfer und versucht, mit heftigen Kopfbewegungen einen Bissen herauszutrennen. Doch der Stahl läßt sich nicht durchsägen. Er hält diesen Zähnen stand, die fassen nochmals nach, lockern jedoch dann den eisernen Zugriff und lassen die unerreichbare Beute fahren. Jeremiah hat den Beweis erbracht, daß seine Rüstung den Taucher zumindest vor den Zähnen der Blauhaie zu schützen vermag. Eine wichtige Erkenntnis für die Zukunft.

Jeremiah S. hat eine Art Ritterrüstung für Taucher entwickelt, die vor Haibissen schützen soll. Dieser Kettenanzug besteht aus etwa 150.000 Stahlringen und wiegt 8,6 kg (oben).
In der Nacht, zu einem Zeitpunkt, an dem Haie besonders aggressiv sind, wird die Schutzwirkung getestet. Während der Hai weit sein Maul öffnet, richten sich die zurückgeklappten Zähne auf und greifen wie eine scharfe Säge in den Stahl. Mit aller Gewalt versucht das Tier, ein Beutestück aus dem vermeintlichen Opfer herauszutrennen. Aber der Anzug hält stand. So bietet sich für uns Taucher eine ausgezeichnete Gelegenheit, Haiangriffe genau zu beobachten (rechts).

Fast wie ein Computer

Die meisten Bewohner der Meere halten sich in Küstennähe, in der Brandungszone oder an den Riffabhängen auf, deshalb herrscht dort überall pulsierendes Leben. Die Haie der Hochsee dagegen durchstreifen ein Gebiet, das nur dünn besiedelt ist und weniger Nahrung verspricht.
Die Natur hat hier durch die Ausbildung hochempfindlicher Sinnesorgane ausgeglichen, mit denen die Tiere in der Lage sind, auch die entfernteste Beute aufzuspüren. Beginnen wir mit dem Geruchssinn. An der Unterseite des Haimauls liegen kleine Riechbecher, mit denen das Tier beispielsweise Fischblut noch in einer Verdünnung von 1 : 1,5 Millionen wahrnehmen kann. Ebenso sensibel ist das innere Ohr, mit dem Schallwellen empfangen werden können. Untersuchungen haben ergeben, daß Schwingungen von 50 Hertz bei Haien die empfindlichste Reaktion auslösten. Das ist eine Frequenz, wie sie vom Zappeln verletzter Fische ausgeht.
Allein schon diese beiden Organe, Nase und Ohr, genügen bereits, um eine Beute in größter Entfernung zu orten und einen Angriff zu starten.
Die Augen der Haie besitzen zwar keine gute Sehschärfe, dafür aber eine stark ausgeprägte Lichtempfindlichkeit. Das bewirkt eine hinter der Sehzellschicht liegende Membran aus Kristallen. Von hier aus wird das einfallende Licht so reflektiert, daß die Sehzellen zweimal gereizt werden. Wie mit einem Restlichtverstärker kann auch der leiseste Lichtschimmer noch wahrgenommen werden. Eine Art biologisches Echolot besitzt der Hai mit dem sogenannten Seitenliniensystem an beiden Körperflanken. Es sind Kanäle, die mit Flüssigkeit gefüllt sind und vom Kopf bis zum Schwanz reichen. Dicht an dicht mit empfindlichen Sinneszellen ausgestattet, stehen sie durch feine Poren mit dem umgebenden Wasser in Verbindung. Man nimmt an, daß so die Orientierung in der Dämmerung und bei Nacht ermöglicht wird. Aber noch ein anderes Wahrnehmungsorgan vervollkommnet die Sinne der Haifische. Es sind die sogenannten Lorenzinischen Ampullen, die sich unter der Haut am Kopf der Tiere befinden. Kleine, mit Flüssigkeit gefüllte Kanäle haben auch hier über Poren eine Verbindung nach außen.
Dadurch kann ein Hai wie mit einem Elektrizitätsmesser auch noch schwächste elektrische Felder wahrnehmen, wie sie zum Beispiel von der Muskulatur von Tieren ausgehen, die sich im Sand vergraben haben.
Aber das ist noch nicht alles. Der Hai verfügt auch über hochentwickelte Geschmacksknospen im Rachen und im Schlund, durch die er Eßbares von nicht Verdaulichem unterscheiden kann. Er könnte also das eine schlukken, das andere ausspeien. Doch wenn ein Hai im Freßrausch ist, kann der Schwellenwert dieser Testbarriere so stark verändert sein, daß er blindlings alles in sich hineinschluckt.
Nimmt man nun alle diese so ausgezeichnet entwickelten Sinnesorgane mit ihren verschiedenen Funktionen zusammen, so begreift man, daß sie es dem Hai ermöglicht haben, seit Millionen von Jahren in seinem Lebensraum Meer zu existieren, und man kann sich gut vorstellen, daß er auch in Zukunft eine gute Überlebenschance haben wird, wenn der Lebensraum Meer gesund bleibt.

Der durch ein Kettenhemd und ebensolche Handschuhe geschützte Taucher demonstriert mit einem nur eigroßen Stück Fisch die hervorragende Geruchswahrnehmung der Haie (1).
Zielstrebig steuert der Blauhai auf das ihn erregende Objekt zu (2).
Auch die Hand, die den Köder hält, wird in der Freßgier als Beutetier angenommen, der Hai beißt fest zu (3).
Der Taucher hat alle Mühe, das Tier abzuschütteln (4).
Endlich ist es ihm gelungen (5).
Der Versuch ist beendet, der Hai verläßt die Szene (6).

1
2
3
4
5
6

Eine wahnwitzige Idee

Eines Tages haben wir eine aberwitzige Idee. Zuerst ist sie nur wie ein glühender Funke, aber allmählich entwickelt sich ein Feuer daraus, das uns alle erfaßt. Wie wäre es, wenn nicht wir die Haie sondern die Haie uns filmten? Der Gedanke läßt uns nicht mehr los, und da wir mit dem Kettenanzug bisher so gute Erfolge erzielt haben, reift unser Plan. Wir wollen einem Blauhai die Kamera auf den Rücken schnallen, welche mit einem Fernauslöser bedient werden kann. Der amerikanische Biologe Jeremiah S. soll einen Hai anlocken und festhalten, während wir anderen ihm die an einer Leine befestigte Kamera umbinden wollen. Alles weitere wird sich von selbst ergeben, so glauben wir jedenfalls. Das ganze Unternehmen wird sowieso eher von der heiteren Seite betrachtet.
Angetan mit seiner kompletten Ritterrüstung wartet unser Freund mit einem Köderfisch, und es dauert gar nicht lange, da wird dieser auch schon vom ersten Hai geschnappt. Alles geht in Sekunden, Jeremiah hat schnellstens reagiert, und mit einer blitzartigen Drehung zieht er den Köder und damit auch den Hai um sich herum. Er paßt den richtigen Moment ab, ergreift den Hai an einer Brustflosse und versucht, die andere zu fassen. Doch verdutzt starrt er auf seine leeren Hände, der Fisch hat sich ihnen mit Leichtigkeit entwunden.
Ein neuer Versuch schlägt wieder fehl. Beim dritten Anlauf klappt es endlich. Der Amerikaner packt die Brustflossen, wirft sich mit der ganzen Kraft seines Körpers auf den Hai und umklammert ihn eisern. Aber nun wird uns die Unmöglichkeit unseres Planes deutlich vor Augen geführt. Der Hai windet sich mit ein paar wilden Schwanzschlägen wie ein Aal, und es gelingt seinem muskulösen Körper, sich aus der Umklammerung zu befreien. Ehe wir überhaupt denken können, hat er schon das Weite gesucht. Uns bleibt nur die Erinnerung durch die Fotos, die unseren mißglückten Versuch demonstrieren, und bisweilen schmunzeln wir über unsere wahnwitzige Idee.

Im Schutz seines Kettenanzugs will unser amerikanischer Freund einen Hai im freien Wasser fangen, um an seinem Körper eine Kamera zu befestigen. Schon ist das Tier umklammert, doch es gelingt ihm mit Leichtigkeit, sich wieder zu befreien. Die Fotos zeigen, daß unsere verrückte Idee nicht verwirklicht werden konnte.
Ein Hai ist eben ein Raubfisch, der nicht mit sich spaßen läßt.

Seltsame Geschöpfe

Im Golf von Kalifornien sah ich Hammerhaie zum ersten Mal, als ich dicht unter der Wasseroberfläche schnorchelte. Sie schwammen in kleinen Gruppen, aber auch in riesigen Schulverbänden von etwa 500 Einzeltieren tief unter mir dahin. Blitzschnell tauchte ich ab und versuchte, mich ihnen zu nähern, doch sie strebten in panischer Hast auseinander. Von ihrer berüchtigten Gefährlichkeit also keine Spur, obwohl es sich um Tiere von etwa 6 Metern Länge handelte.
Ich versteckte mich in einer Felsnische und wartete. Es dauerte auch nicht lange, da löste sich ein Schatten aus dem Blau, und ein Hammerhai kam zielstrebig auf mich zugeschwommen, Meter für Meter. So hatte ich zum ersten Mal Gelegenheit, ihn ganz aus der Nähe zu betrachten. Ein seltsamer Anblick, die nach beiden Seiten zu mächtigen Hautlappen ausgezogenen Kopfenden, die ihm seinen Namen gaben. Deutlich konnte ich erkennen, daß Augen sowie Riechgruben an den äußeren Enden des Kopfes liegen. Vielleicht der Grund, daß man dieser Haiart das beste Geruchs-Orientierungs- und Sehvermögen nachsagt.
Trotz meiner großen Aufregung angesichts dieses Riesenfisches glaube ich, auch seine unzähligen hochempfindlichen Sinnesorgane an der Unterseite des Kopfes zu erkennen. Porenförmig liegen sie an der Hautoberfläche und dienen zur Wahrnehmung feinster elektrischer Felder.
Ein Hammerhai schwimmt auf der Suche nach Nahrung immer dicht über dem Meeresboden. Dabei wiegt er den großen Kopf ständig hin und her, um mit seinen sensiblen Wahrnehmungsorganen auch die verborgenste Beute aufzuspüren.
Bei mir scheinen sie gottlob nicht zu reagieren, denn ganz kurz vor meiner Felshöhle dreht er plötzlich mit einer überaus eleganten Wendung seines Körpers ab. Ein kräftiger Schlag mit der Schwanzflosse bringt das Wasser in Bewegung. Ich spüre sehr erleichtert diesen Druck und atme auf. Der einsame Riese wendet sich wieder der unendlichen Weite des Meeres zu und ist bald nicht mehr zu unterscheiden vom Wasser, seinem Element.
Die Begegnung mit einem so großen Hai war doch recht aufregend. Die Felsnische war auf jeden Fall ein guter Schutz für mich gewesen.

Warum Hammerhaie sich zu großen Schulverbänden zusammenschließen, bei denen Leittiere die Führung übernehmen, ist noch unbekannt. Charakteristisch für diese Art ist der nach beiden Seiten verbreiterte Kopf, der den Tieren den Namen gab. An den äußersten Enden liegen Augen und Nase, damit ist das Wahrnehmungsvermögen besonders groß. Durch die Sinneszellen an der Unterseite des Kopfes können elektrische Felder geortet werden. Sogar im Sand verborgene Beutetiere werden so aufgespürt. Besonders bevorzugte Leckerbissen sind Stechrochen.

Verlockung bringt Gefahr

Erhebliche Widersprüche bei der Schilderung gewisser Verhaltensweisen von Haien veranlaßten uns, selbst einige Versuche durchzuführen. Bewaffnet mit einem 80 Zentimeter langen, spitz zugeschliffenen Haistock, zerstückelten wir auf einer freien Sandfläche in 12 Metern Tiefe zwei vorher geangelte Fische als Köder und legten einen weiteren, der an einer Eisenstange befestigt war, 2 Meter von uns entfernt in den Sand. Nach kurzer Zeit tauchten die ersten Schatten auf. Es war ein Rudel von 12 bulligen Grauhaien, die uns abwartend umkreisten. Einer löste sich aus dem Verband und steuerte zielstrebig auf den Köder zu. Ich packte meinen Abwehrstock fester, wartete, bis er nahe genug heran war und versuchte dann, ihn mit einem kräftigen Stoß in die Flanke am Zubeißen zu hindern.
Spontan drehte er ab, startete jedoch sofort einen neuen Versuch. Erheblich schneller stieß er mit geöffnetem Maul auf die Köderfische zu, und es gelang mir diesmal nur unter Aufbietung aller Kräfte, ihn erneut in die Flucht zu schlagen. Aber der dritte Angriff erfolgte sofort mit aller Konsequenz. Meinen verzweifelten Abwehrversuchen zum Trotz packte er den Köder in hemmungsloser Freßgier und schoß mit ihm davon, verfolgt von seinen Artgenossen. Abwartend verharrte ich, nun ohne Köder, auf dem Sandboden, und im Nu war ich erneut von diesen 2 bis 3 Meter langen Tieren umringt, die mich jetzt in Dreierformation umzingelt hatten. Ihre von uns ausgelöste zügellose Gier nach Beute trieb sie zu unkontrollierten Angriffen, bei denen einzelne Tiere immer wieder versuchten, meine Beine zu attackieren. Konnte ich sie anfangs noch mit Schlägen auf die empfindliche Nase vertreiben, so wurde die Situation bald so bedrohlich, daß ich mich in eine Höhle retten mußte. Der Versuch hat gezeigt, daß die Gefährlichkeit der Haie für Menschen weitgehend vom Grad ihrer Erregung abhängt.

Erst nachdem sie mit Fischködern angelockt wurden, treten die bulligen karibischen Grauhaie in Erscheinung. Doch wenn ihre Freßgier einmal geweckt ist, stürzen sie sich wahllos auf alles und werden dann auch dem Menschen gefährlich.

Erst gestreift und dann gefleckt

Vor der Westküste Thailands liegt ein kleines, bis an die Wasseroberfläche reichendes Korallenriff. Zwei Stunden braucht ein Kutter, um dieses versteckte Paradies anzusteuern. Zielsicher geht das kleine Boot vor Anker. Schon von Deck aus können wir die Umrisse eines Zebrahais ausmachen, der hier keine Seltenheit ist. In nur 15 Metern Meerestiefe scheint er auf dem Grund zu schlafen. Seine leopardenähnliche Zeichnung verrät, daß es sich um ein ausgewachsenes Tier handelt, denn Zebrahaie haben nur in ihrer Jugend die Streifen, denen sie ihren Namen verdanken. Sie gehören zur Familie der Ammenhaie und sind typische Bodenbewohner. Die meiste Zeit verbringen sie ruhend auf dem Meeresgrund. Mit ihrem gut entwickelten Riechorgan spüren sie Langusten, Krabben, Muscheln oder Fische auf, die ihnen als Nahrung dienen. Vorsichtig und langsam nähert sich meine Frau diesem träge erscheinenden Tier. Im Scheinwerferlicht zeichnen sich deutlich längs über den Rücken laufende Grate ab. Sie ähneln denen des Walhais, mit dem der Zebrahai jedoch nicht verwandt ist. Immer noch liegt das Tier unbeweglich, nur die beschleunigte Kiemenatmung verrät eine gewisse Unruhe. Man kann daraus schließen, daß er unsere Nähe wahrgenommen hat. Aber erst ein behutsames Streicheln kann ihn dazu bewegen, seinen Ruheplatz zu verlassen. Langsam und elegant hebt er ab, und mit geschmeidigen Bewegungen seiner überlangen Schwanzflosse schwimmt er in die blaue Weite.

Zebrahaie gehören zur Familie der Ammenhaie, was man an den beiden Gruben erkennen kann, die sich vom Maul zur Nase ziehen. Deutlich sieht man hinter dem kleinen Auge das Spritzloch, durch welches der Hai Wasser ansaugt und den Sauerstoff entnimmt. Danach pumpen die Kiemen es wieder nach außen (links). Wegen ihrer Zeichnung werden erwachsene Tiere auch Leopardenhaie genannt. Ihr Lebensraum ist der Meeresboden. Bei vorsichtiger Annäherung kann man sie genau betrachten und sogar streicheln (rechts).

Wie man sich schützen kann

Wann immer Menschen, seien es Badende oder Schiffbrüchige, von einem Hai angegriffen werden, löst das erregte Diskussionen um die Möglichkeiten einer wirksamen Abwehr aus.
Als sehr effektive Schutzmaßnahmen haben sich Hainetze bewährt, die sich aber als sehr kostenaufwendig erwiesen haben. So benutzt man sie hauptsächlich in haigefährdeten Urlaubsgebieten.
Eine andere Abwehrmöglichkeit ist der sogenannte Shark-Chaser, ein zu einem kleinen Päckchen zusammengepreßtes Trockengemisch aus chemischen Mitteln und Farbstoff. Damit soll der Geruchssinn und die optische Wahrnehmung der Haie negativ beeinflußt werden. Da es sich jedoch als nicht wirksam gezeigt hat, wurde es von dem Johnson-Sack abgelöst. Dieser Plastiksack ist an einem Ende geschlossen, am anderen mit einem aufblasbaren Gummiring versehen. In ihm findet der Schiffbrüchige Schutz, ohne daß etwa Blut oder Bewegungsinformationen nach außen dringen können.
Wie schützen sich nun Sporttaucher vor Haien? Hier gilt als oberstes Gebot, keine Fische zu harpunieren, denn Blut und Zappelbewegungen können vom Hai wahrgenommen werden und ihn zum Angriff reizen. Man sollte immer daran denken, daß jede Haiart, ob groß oder klein, ob als harmlos oder gefährlich geltend, immer mit Distanz betrachtet werden sollte. Geraten diese Raubfische in Bedrängnis, werden sie sich mit Bestimmtheit zur Wehr setzen.
Einen Beweis dafür brachte ein Zwischenfall, den wir mit einem kleinen Ammenhai von nur 70 Zentimetern Länge erlebten. Maritta hatte diesen Hai, der weitverbreitet als harmlos eingestuft wird, für ein Foto an Kopf und Schwanz gepackt. Er befreite sich durch aalartige Bewegungen, schnellte herum und biß blitzartig zu. Gottlob erwischte er nur den Gurt des Tauchgeräts, den er aber eisern festhielt. Nur mit Mühe konnten wir ihn erst an Bord unseres Schiffes vom Gurt lösen, indem wir seine Kiefer mit einer kleinen Eisenstange auseinanderdrückten, womit wir ihm das Leben retten konnten.
Die Erfahrung zeigt, daß Haie nur dann gefährlich werden, wenn man sie in die Enge treibt oder reizt.

Taucher werden selten Opfer eines Haiangriffs. Fühlen sich die Tiere allerdings durch Provokation bedrängt, so greifen auch kleinere, als harmlos geltende Arten, wie dieser Ammenhai, zu ihrer letzten Verteidigungsmöglichkeit: Sie beißen fest zu. Größere Ammenhaie könnten so einen Menschen mühelos in die Tiefe ziehen.

Groß – aber harmlos

Eines Tages unternehme ich mit einem Tauchfreund einen Ausflug in tiefere Unterwasserregionen. Hier ist das Sonnenlicht schon so stark gefiltert, daß ich die Rifformationen sowie Pflanzen und Tiere nur noch wie blauschwarze Silhouetten wahrnehme.
Plötzlich zucke ich zusammen, denn die Umgebung verfinstert sich noch mehr. Instinktiv geht mein Blick nach oben, und mein Herz macht einen Freudensprung, denn es ist ein Walhai, der meinen Wasserhimmel verdunkelt hat. Etwa 12 Meter lang, zieht er langsam dicht unter der Wasseroberfläche dahin. Unverkennbar ist seine Form, vorne breit ausladend, nach hinten schmaler zulaufend. Walhaie können eine Körperlänge von 20 Metern erreichen. Ihre Rückenpartie ist lebhaft gefleckt, die Bauchseite dagegen von einem intensiven Weiß. Ein Walhai bewegt sich mit einer Geschwindigkeit von etwa 4 Kilometern in der Stunde durch das Wasser. Sein breites Maul ist ständig weit geöffnet, damit er Plankton, kleine Fischschwärme, Krebstiere und Tintenfische als Nahrung aufnehmen kann.
Sein Kiemenkorb ist wie ein Sieb gebaut. Querstangen aus Knorpelgewebe sind maschenartig zu einer Art Fangnetz verbunden. Dieses ist in der Lage, pro Stunde mehrere Tonnen Wasser zu filtern. Ein einziger Walhai kann auf diese Art und Weise innerhalb einer Woche bis zu 5 Prozent seines Eigengewichts an Plankton zu sich nehmen. Freudig versuche ich, so schnell ich kann, diesem Riesen unter den Haien entgegenzuschwimmen. Auch mein Tauchkamerad hat ihn schon entdeckt und mit der gleichen Begeisterung in Augenschein genommen. Im Vergleich zu den eleganten Bewegungen dieses Großfisches wirken die schnellen Flossenschläge der Taucher wie ein hilfloses Zappeln. Der Koloß ahnt nichts von der Aufregung, die er bei uns hervorgerufen hat. Er zieht zunächst ungerührt in langsamem Tempo seine Bahn. Doch urplötzlich ändert er sein Verhalten, als wollte er diese zudringlichen Wesen abhängen. Er stellt sich senkrecht, und mit nur wenigen Schlägen seiner mächtigen Schwanzflosse hat er sich unseren bewundernden Blikken entzogen und ist in der blauen Tiefe verschwunden.
Wir empfinden Bedauern, weil wir von diesem herrlichen Fisch für heute Abschied nehmen müssen. Hoffen aber, bei einem späteren Tauchgang wieder einmal einem solchen Prachtexemplar zu begegnen. Uns wird klar, welch unendlich schöner, mit reichem Leben erfüllter Raum das Meer ist, den es zu erhalten gilt.

Walhaie gibt es in allen tropischen Meeren. Einzeln oder in Rudeln trifft man sie oft fast bewegungslos unter der Wasseroberfläche an. Dieser Hai ist kein Raubfisch, sondern ernährt sich von Kleinstlebewesen. Da er für den Taucher ungefährlich ist, kann man sich sorglos von ihm ziehen lassen (rechts). Eine ganze Anzahl Schiffshalter, die bis zu einem halben Meter lang werden können, hat sich am Hai festgesaugt und läßt sich ohne eigene Kraft durch das Wasser tragen (links).

INHALT

Bildnachweis: Alle Fotos Peter Kuhn,
außer: S. 38, 136, 158: Waltraut Kuhn, S. 133: Helmut Horn